机械设计基础实验教程

张维光　主编

華東理工大學出版社
EAST CHINA UNIVERSITY OF SCIENCE AND TECHNOLOGY PRESS
·上海·

图书在版编目(CIP)数据

机械设计基础实验教程 / 张维光主编. —上海：华东理工大学出版社，2023.9

ISBN 978-7-5628-6810-1

Ⅰ. ①机… Ⅱ. ①张… Ⅲ. ①机械设计—实验—教材 Ⅳ. ①TH122-33

中国国家版本馆 CIP 数据核字(2023)第 157985 号

内容提要

本书是配合高等学校机械类和近机类专业开展课程教学的学习辅导书，共介绍了 12 个实验，分为验证性实验、设计性实验、综合性实验三类，每个实验项目包含实验概述、预习思考题、实验原理、实验任务、实验注意事项、实验步骤、实验报告等七个部分。

本书注重教学方式多样化，融入计算机辅助教学与计算机数据处理等内容，配有丰富的教学资源，可以更好地帮助学生理解和掌握相关知识，同时激发和培养学生分析问题、解决问题的工程实践能力。

项目统筹 / 马夫娇
责任编辑 / 陈婉毓
责任校对 / 张 波
装帧设计 / 徐 蓉
出版发行 / 华东理工大学出版社有限公司
地址：上海市梅陇路 130 号，200237
电话：021-64250306
网址：www.ecustpress.cn
邮箱：zongbianban@ecustpress.cn
印 刷 / 上海展强印刷有限公司
开 本 / 787 mm×1092 mm 1/16
印 张 / 13.25
字 数 / 317 千字
版 次 / 2023 年 9 月第 1 版
印 次 / 2023 年 9 月第 1 次
定 价 / 39.80 元

版权所有 侵权必究

前　言

本书是根据教育部高等学校工科基础课程教学指导委员会审定的高等学校机械原理与机械设计课程教学基本要求中的实验部分进行编写的。本书的编写是为了配合高等学校机械类和近机类专业开展机械原理、机械设计、机械设计基础及工业设计工程基础等课程教学，提供实验教学，促进理论与实践相结合，提高教学质量，切实培养和锻炼学生的工程实践能力。

本书包含机构运动分析与简图绘制，机构创新设计，齿轮范成实验，渐开线齿轮参数测定，螺栓连接实验，带传动特性实验，滑动轴承综合性能分析，减速器装拆与结构分析，轴系结构综合设计，机械传动机构设计、装配与测试，机械平衡实验，减速器拆装与结构分析等12个实验项目。其中，机构创新设计，减速器装拆与结构分析，轴系结构综合设计，机械传动机构设计、装配与测试为设计性实验项目。

本书主要具有如下特点：

1. 注重实验教学方法与手段持续提高和改进，全方位实现以实验设备3D模型为教学对象，并在Creo 4.0软件的3D环境中，运用3D软件的虚拟装配、运动仿真与动画等功能开展实验教学。

2. 融入丰富的计算机辅助设计内容。实验内容和实验报告中融入了计算机辅助教学与计算机数据处理等方面的内容，一方面切实提高实验教学质量，另一方面增强学生对实验课程的兴趣，帮助学生更透彻地理解和掌握机械原理与机械设计相关知识，同时引导和激发学生运用计算机辅助设计软件，进而提高其运用计算机信息手段分析问题、解决问题的工程实践能力。

3. 配有丰富的教学资源，包括原创性课件、运动仿真视频和微课视频。学生可以利用这些教学资源进行实验预习等活动。可扫描下方二维码，回复68101获取。

本书由江苏科技大学张维光主编，赵孟军参与编写部分与机械原理课程相关的实验内容。

由于编者水平有限，书中如有不当之处，恳请读者不吝指正，不胜感谢！

编　者

2023年6月

华理能源与
环境出版中心

目　　录

实验1　机构运动分析与简图绘制

实验学时：2　　**实验类型**：验证　　**实验要求**：必修
实验手段：线上教学＋教师讲授＋学生独立操作

【实验概述】

本实验可作为理论课程机械原理、机械设计基础的课内实验项目，也可作为独立设置的实验课程机械设计基础实验的实验项目，通过本实验项目拟达到以下实验目的：

(1) 通过对机构实物或模型的测绘，掌握机构运动简图的绘制方法；

(2) 通过对机构自由度的计算，进一步理解机构自由度的概念。

本实验涉及以下实验设备：

(1) 若干机构实物或模型；

(2) 学生自备的测绘工具、文具，如直尺、圆规、铅笔等。

【预习思考题】

1. 机构运动简图应包括哪些内容？
2. 机构示意图与机构运动简图有何区别？
3. 原动件选取不同、原动件位置不同分别对绘制机构运动简图有什么影响？

【实验原理】

机构运动简图是用长度比例尺画出的代表机构运动特征的简图。也就是说，机构运动简图是用简单的线条与符号表达机构的运动本质，并按一定比例绘制的图形。绘制机构运动简图是透过表面现象看本质的抽象过程。透过表面现象看本质，就是分析各构件之间的运动关系，即运动副，而不关注构件的外形。

机构各部分的运动是由其原动件的运动规律、该机构中各运动副的类型(高副、低副)与该机构的运动尺寸决定的，而与构件的外形、断面尺寸以及组成构件的零件的数目、固连方式等无关。因此，只要根据机构的运动尺寸，按一定的长度比例尺，确定各运动副的相对位置，就可以用运动副的简图图形符号和简单的线条把机构运动简图绘制出来。常用运动副和构件的表示方法见表1-1。

表 1-1　常用运动副和构件的表示方法

	两个构件形成的运动副	两个构件之一为机架时形成的运动副
转动副		
移动副		

正确的机构运动简图中各构件的尺寸、运动副的类型和相对位置以及机构的组成形式应与原机构中保持一致，从而保证机构运动简图与原机构具有完全相同的运动特性，以便根据机构运动简图对机构进行运动分析。

【实验任务】

本实验要求学生完成至少 6 幅机构运动简图的绘制。学生通过查阅资料，自行选取机构实物或模型。以下列举 6 个典型的机构(图 1-1～图 1-6)供参考。

【实验注意事项】

请同学们爱护实验教具，操作机构模型时动作要轻缓，以免损坏机构模型。

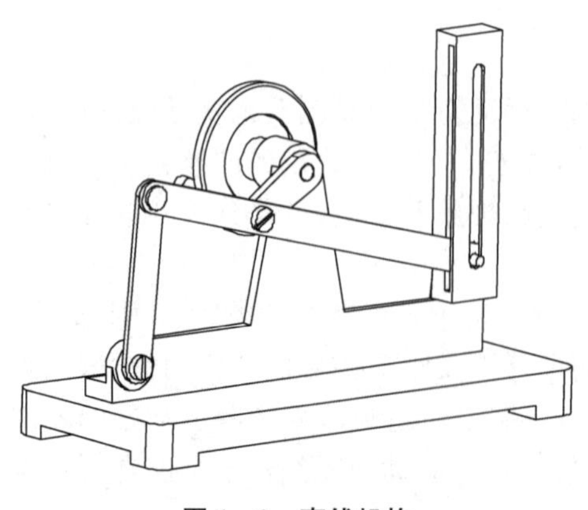

图 1-1　直线机构

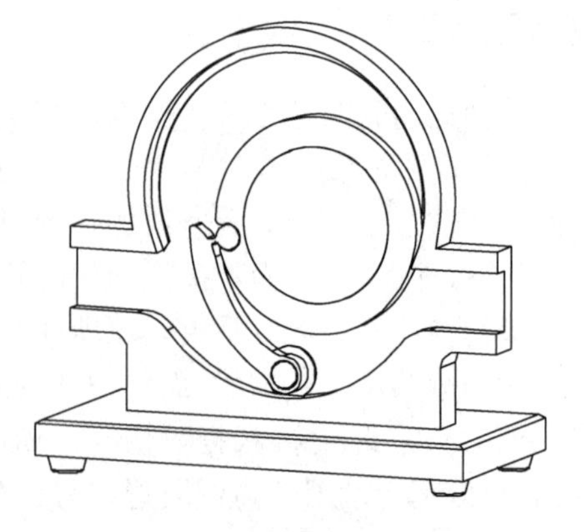

图 1-2　偏心油泵机构

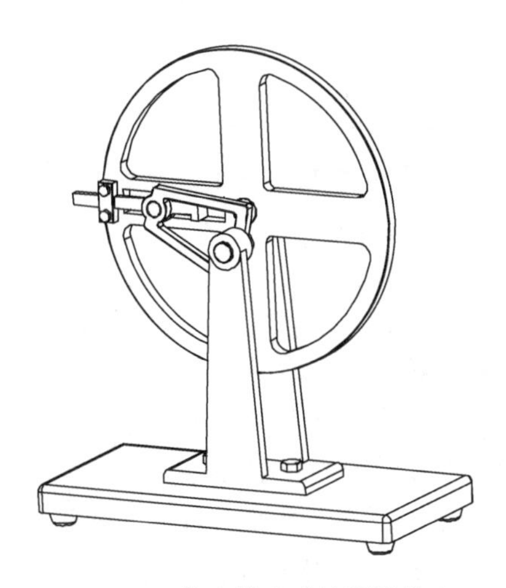

图 1-3　偏心柱塞式油泵机构 1

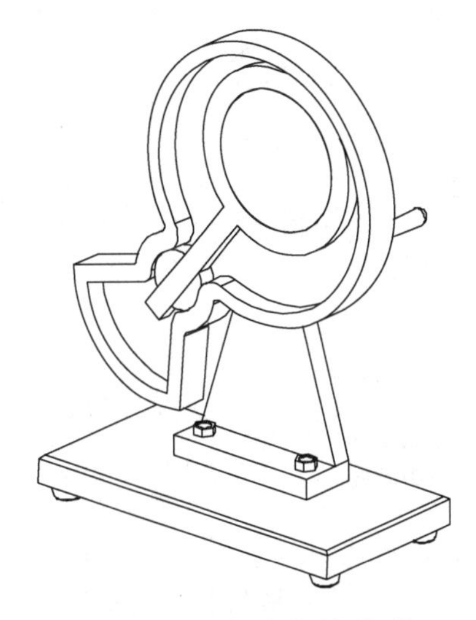

图 1-4　偏心柱塞式油泵机构 2

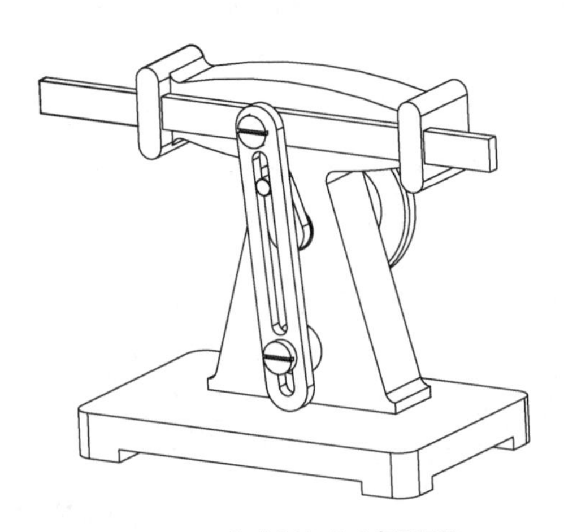

图 1-5　牛头刨机构(高副型)

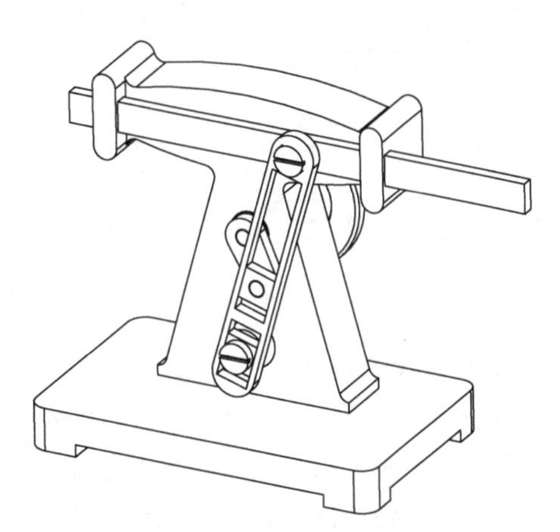

图 1-6　牛头刨机构(低副型)

【实验步骤】

1. 分析机构的实际构造和运动情况。缓慢转动机构模型，从原动件开始，仔细观察机构的运动，根据各构件之间的相对运动，确定机构是由哪些构件组成的；根据机构运动的传递顺序，仔细观察并分析各构件之间相对运动的性质，即属于何种运动副，确定活动构件的数目。

2. 合理选择投影面和原动件位置，绘制机构示意图。选择恰当的投影面，一般选择与大多数构件的运动平面相平行的平面；合理选择原动件的一个位置，以便简单、清楚地将机构的运动情况正确地表达出来；忽略各构件的具体几何形状，找出每个构件上的所有运动副，用简单的线条连接各构件上的所有运动副元素，即用简单的线条和规定的符号表示构件和运动副，从而在所选投影面上绘制出机构示意图。图 1-7 为偏心油泵机构示意图。

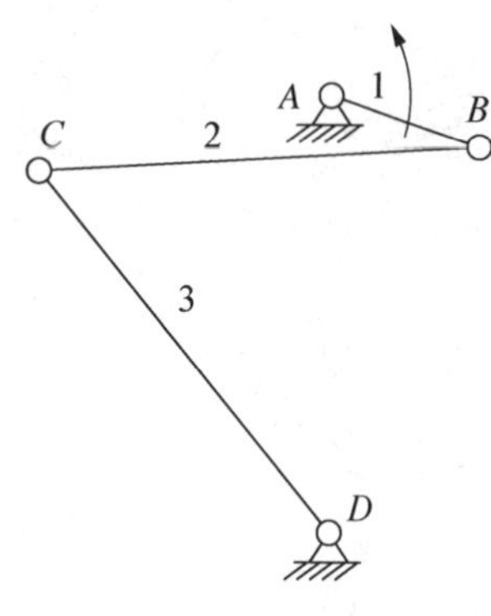

图 1－7　偏心油泵机构示意图

3．计算机构的自由度，检验机构示意图是否正确。

首先，计算机构的自由度，计算公式如下：

$$F=3n-2p_{L}-p_{H}$$

式中　n——机构中活动构件的个数；

p_{L}——平面低副的个数；

p_{H}——平面高副的个数。

然后，核对计算结果。机构具有确定运动的条件为**机构的自由度大于零且等于原动件的个数**。因本实验中各机构模型均具有确定的运动，故计算所得各机构的自由度应与其原动件的个数相同，否则说明所作机构示意图有误，应对机构重新进行分析、作示意图。

4．量取机构的运动尺寸。运动尺寸是与机构运动有关的、能确定各运动副相对位置的尺寸。在原机构上量取机构的运动尺寸，并将这些尺寸标注在机构示意图上。

5．绘制机构运动简图。选取适当的长度比例尺，依照机构示意图，按一定顺序进行绘图。用数字 1，2，3，…分别标出各构件，用字母 A，B，C，…分别标出各运动副。

其中，长度比例尺

$$\mu_{l}=\frac{\text{实际长度(m)}}{\text{图示长度(mm)}}$$

假设某构件的长度 $L_{AB}=0.10$ m，绘在图上的长度 $AB=1$ mm，则 $\mu_{l}=\frac{L_{AB}}{AB}=\frac{0.10}{1}=\frac{1}{10}$，表示长度比例尺为 1/10，即图上 10 mm 等于实际长度 1 m。

6．标注长度比例尺和运动尺寸，画斜线表示机架，在原动件上画箭头表示运动方向。图 1－8 为偏心油泵机构运动简图。

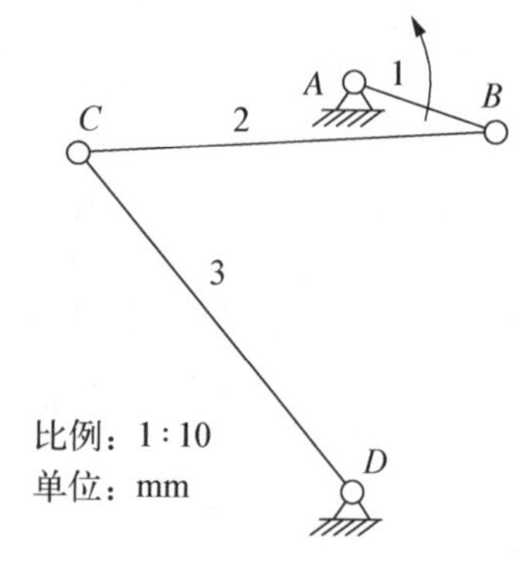

图 1－8　偏心油泵机构运动简图

7．实验内容完成后，请指导教师检查、签字。

8．整理实验设备、桌椅等，实验结束。

【实验报告】

请同学们根据以上所有操作和自己的思考完成实验报告。

机构运动分析与简图绘制实验报告

班　级	姓　名	学　　号	专　　业	实验日期

<table>
<tr><th colspan="6">实验成绩构成表</th></tr>
<tr><td rowspan="2">必要
内容</td><td colspan="2">实验预习(实验前)</td><td>实验完成(实验现场)
无教师签字无成绩</td><td>实验报告(实验后)
无实验报告无成绩</td><td>总成绩</td></tr>
<tr><td colspan="2"></td><td></td><td></td><td rowspan="3"></td></tr>
<tr><td rowspan="2">奖惩
内容</td><td>加分项</td><td></td><td colspan="2">老师证明签字:</td></tr>
<tr><td>减分项</td><td></td><td colspan="2">老师证明签字:</td></tr>
</table>

一、实验目的及实验设备

二、实验原理

三、实验步骤

四、实验任务

序号	机构名称、长度比例尺与 自由度计算	机构运动简图或机构示意图
1	机构名称： ________________ $\mu_l =$ ________________ $F = 3n - 2p_L - p_H$ ________________ ________________ ________________	
2	机构名称： ________________ $\mu_l =$ ________________ $F = 3n - 2p_L - p_H$ ________________ ________________ ________________	
3	机构名称： ________________ $\mu_l =$ ________________ $F = 3n - 2p_L - p_H$ ________________ ________________ ________________	

续 表

序号	机构名称、长度比例尺与自由度计算	机构运动简图或机构示意图
4	机构名称： ________________ $\mu_l =$ ________________ $F = 3n - 2p_L - p_H$ ________________ ________________ ________________	
5	机构名称： ________________ $\mu_l =$ ________________ $F = 3n - 2p_L - p_H$ ________________ ________________ ________________	
6	机构名称： ________________ $\mu_l =$ ________________ $F = 3n - 2p_L - p_H$ ________________ ________________ ________________	

五、预习思考题解答

六、实验结论或者心得

实验2　机构创新设计

实验学时：2　　**实验类型：**设计　　**实验要求：**必修
实验手段：线上教学＋教师讲授＋学生独立操作

【实验概述】

本实验是机械原理课程的核心实验之一，通过本实验项目拟达到以下实验目的：

(1) 加深对平面机构的组成原理、结构分类的认识，了解平面机构的组成与运动特点；

(2) 培养机构综合设计能力、创新能力；

(3) 训练工程实践能力。

本实验涉及以下实验设备：

(1) ZBS－C机构运动创新方案设计实验台若干套，以及装拆工具；

(2) 学生自备的绘图工具、文具等。

【预习思考题】

1. 参照本实验原理中破碎机机构中杆组的拆分方法，任选后文图2－22～图2－37所示机构中的一种进行杆组拆分，画出示意图，并判断其是哪种级别的杆组。

2. 根据上题中机构的杆组拆分方案，思考如何运用ZBS－C机构运动创新方案设计实验台组件清单(见后文表2－1)中的零件拼装或者装配出该机构。

【实验原理】

任何平面机构均可以用零自由度的杆组依次连接到原动件和机架上的方法组成。本实验就是利用平面机构的组成原理进行机构创新设计的。

1. 平面机构的组成原理

基本杆组：不能再拆分的、最简单的、自由度为零的构件组，又称阿苏尔杆组。

组成原理：任何平面机构都可看作由若干个基本杆组依次连接原动件和机架而组成。

注意： 当杆组并接时，不能将同一杆组的各个外接运动副接于同一构件上，否则将起不到增加杆组的作用。

2. 平面机构的结构分类

杆组应满足如下条件：

$$3n-2p_{\mathrm{L}}-p_{\mathrm{H}}=0$$

式中 n ——机构中活动构件的个数；

p_{L} ——平面低副的个数；

p_{H} ——平面高副的个数。

全低副杆组应满足如下条件：

$$3n-2p_{\mathrm{L}}=0 \text{ 或 } n/2=p_{\mathrm{L}}/3$$

常见的杆组有如下两种类型：

Ⅱ级杆组：由 2 个构件和 3 个低副构成的杆组，如图 2-1、图 2-2 所示。

Ⅲ级杆组：由 4 个构件和 6 个低副构成的杆组，如图 2-3 所示。

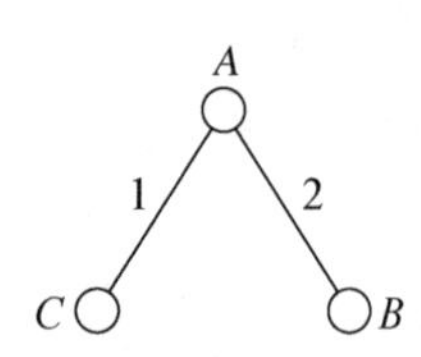

图 2-1 Ⅱ级杆组 1

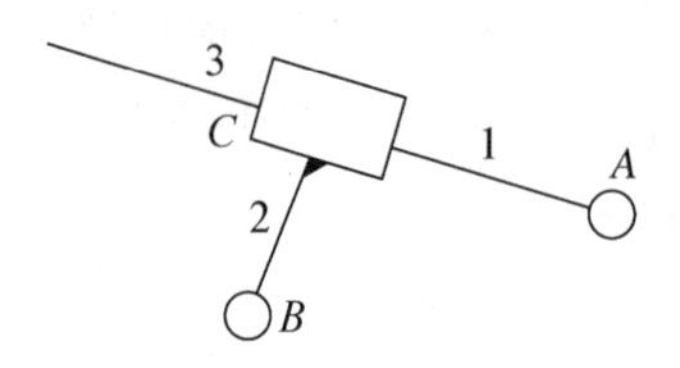

图 2-2 Ⅱ级杆组 2

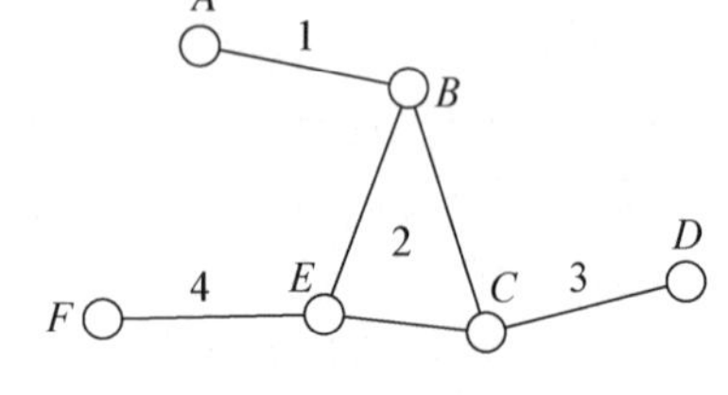

图 2-3 Ⅲ级杆组

3. 正确拆分杆组的步骤

(1) 计算机构的自由度，并确定原动件。

(2) 去掉机构中的局部自由度和虚约束，对于高副，必要时采用高副低代。

(3) 从远离原动件的构件开始，先试拆Ⅱ级杆组，如不成，再试拆Ⅲ级杆组，直至只剩下原动件和机架。

(4) 确定机构的级别。

【例 2-1】 破碎机机构的结构分析。

若取构件 1 为原动件，则此机构为Ⅱ级机构，如图 2-4、图 2-5 所示。

若取构件 5 为原动件，则先试拆Ⅱ级杆组，再试拆Ⅲ级杆组。显然，这种拆法不成。故此机构为Ⅲ级机构，如图 2-6、图 2-7 所示。

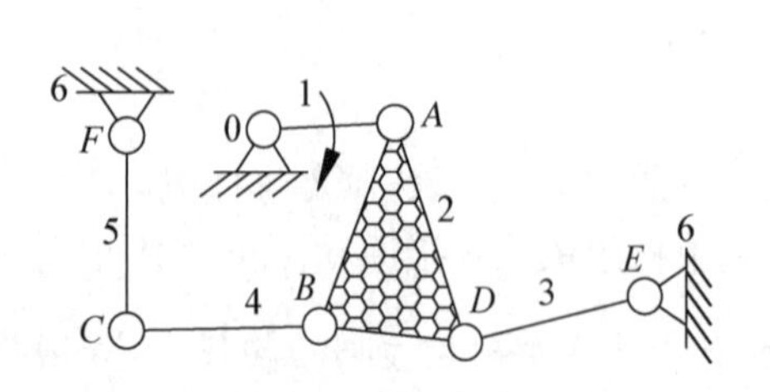

图 2-4 破碎机(1 为原动件)

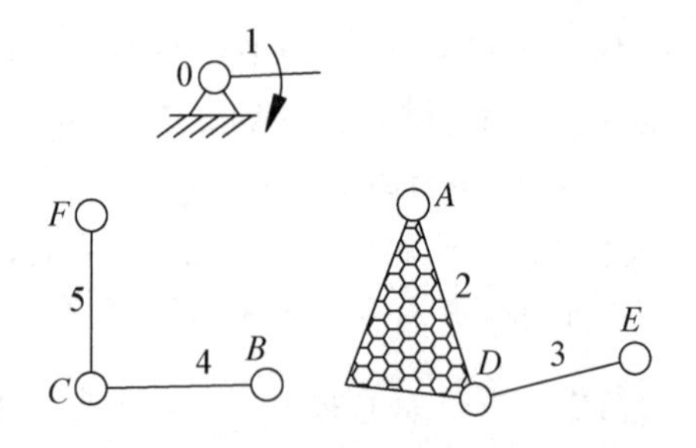

图 2-5 破碎机拆分成Ⅱ级机构

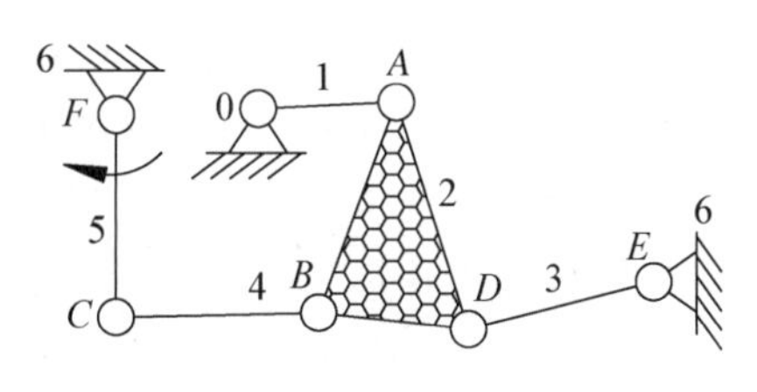

图2-6 破碎机(5为原动件)

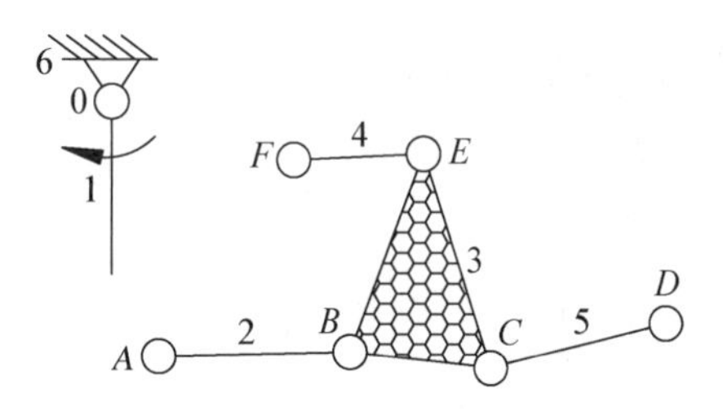

图2-7 破碎机拆分成Ⅲ级机构

4. 拼装或装配机构

根据事先拟定的机构运动简图,利用ZBS-C机构运动创新方案设计实验台提供的零件按机构运动的传递顺序进行拼装。在拼装时,通常先从原动件开始,按运动传递规律进行。应保证各构件均在相互平行的平面内运动,这样可避免各运动构件之间的干涉,同时应保证各构件的运动平面与轴的轴线垂直。另外,应以机架的铅垂面为参考平面,由里向外拼装。

注意: 为避免因连杆之间的运动平面相互紧贴而摩擦力过大或发生运动干涉,装配时应相应装入层面限位套。

如图2-8所示,实验台机架中有4根铅垂立柱,均可沿 *X* 方向移动。移动前应旋松电机侧安装在上、下横梁上的立柱紧固螺钉,在用双手移动立柱到需要的位置后,应先将立柱与上(下)横梁靠紧,再旋紧立柱紧固螺钉(如立柱与横梁不靠紧,旋紧立柱紧固螺钉时会使立柱在 *X* 方向上发生偏移)。

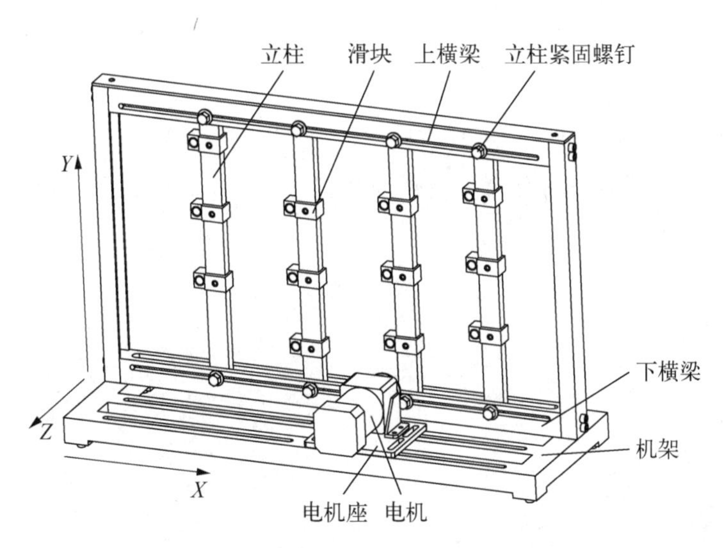

图2-8 实验台机架

注: 移动前只需将立柱紧固螺钉旋松,不允许将其旋下。

立柱上的滑块可在立柱上沿 *Y* 方向移动,要移动立柱上的滑块,只需将滑块上的内六角平头紧定螺钉旋松(该紧定螺钉在靠近电机侧)。

按上述方法移动立柱和滑块,可在机架的 *X*、*Y* 平面内确定固定铰链的位置。

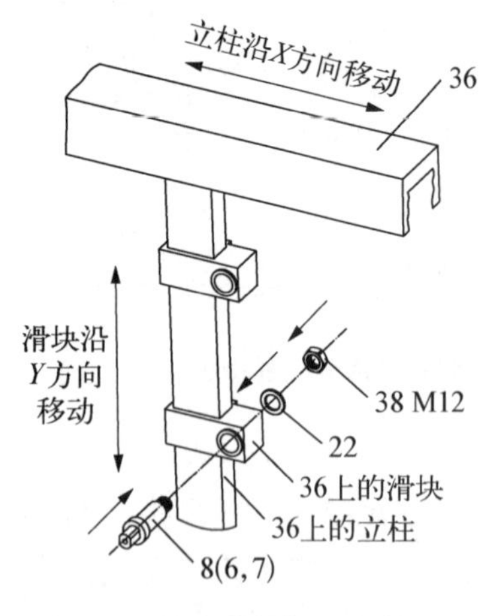

图 2-9　主、从动轴与机架的连接图

5. 典型连接

图 2-9～图 2-21 中各零件的编号与 ZBS-C 机构运动创新方案设计实验台组件清单(见后文表 2-1)中的序号相同。

(1) 主、从动轴与机架的连接

在按图 2-9 所示的方法将轴连接好后，主(从)动轴相对于机架不能转动，与机架形成刚性连接；若件 22 不装配，则主(从)动轴可以相对于机架做旋转运动。

(2) 转动副的连接

如图 2-10 所示连接好后，采用件 19 连接端连杆与件 9 无相对运动，采用件 20 连接端连杆与件 9 可相对转动，从而形成两连杆的相对旋转运动。

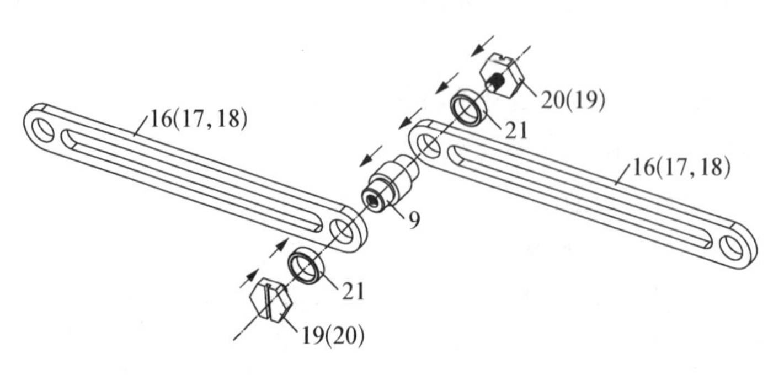

图 2-10　转动副的连接图

(3) 移动副的连接(图 2-11)

(4) 活动铰链座Ⅰ的安装

如图 2-12 所示，可在连杆任意位置形成铰链，且件 9 如图装配，就可在铰链座Ⅰ上形成回转副或回转-移动副。

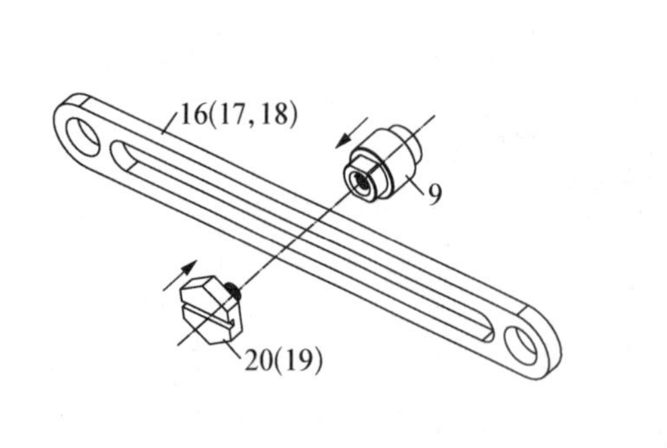

图 2-11　移动副的连接图

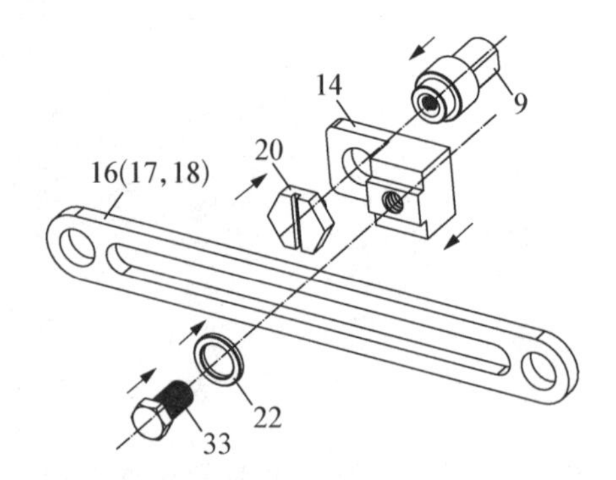

图 2-12　活动铰链座Ⅰ的连接图

(5) 活动铰链座Ⅱ的安装

如图 2-13 所示，可在连杆任意位置形成铰链，从而形成回转副。

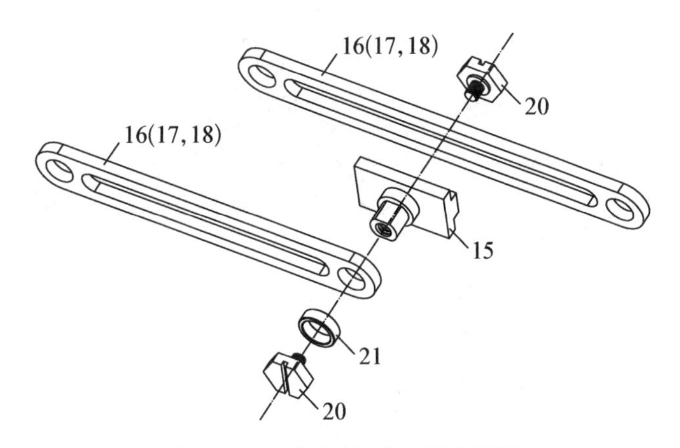

图 2-13　活动铰链座Ⅱ的连接图

(6) 复合铰链Ⅰ的安装

如图 2-14 所示，将复合铰链Ⅰ铣平端插入连杆长槽中时构成移动副，而连接螺栓均采用带垫片螺栓。

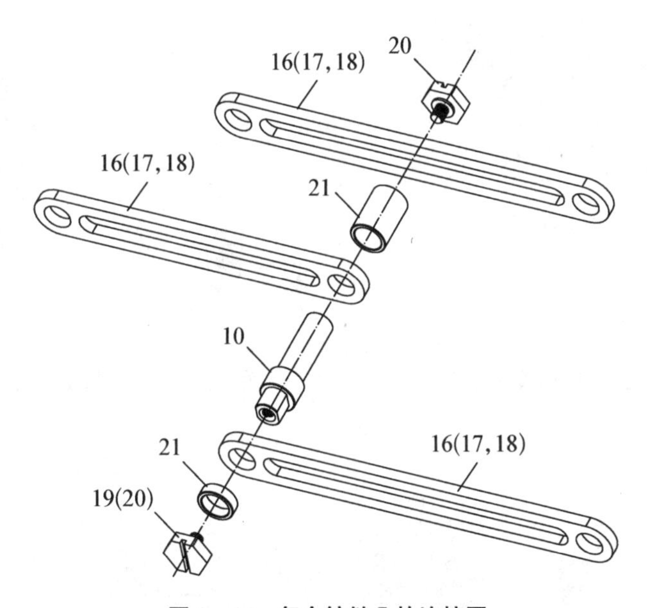

图 2-14　复合铰链Ⅰ的连接图

(7) 复合铰链Ⅱ的安装

将复合铰链Ⅰ连接好后，可构成三构件组成的复合铰链，也可构成复合铰链+移动副。将复合铰链Ⅱ连接好后，可构成四构件组成的复合铰链，如图 2-15 所示。

(8) 齿轮与主(从)动轴的连接(图 2-16)

(9) 凸轮与主(从)动轴的连接(图 2-17)

(10) 凸轮副的连接

如图 2-18 所示连接好后，连杆与主(从)动轴可相对移动，并由弹簧 23 保持高副接触。

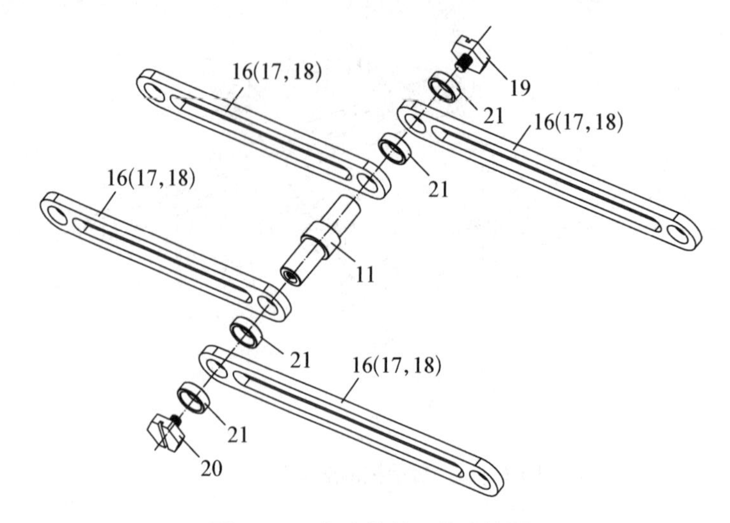

图 2-15　复合铰链Ⅱ的连接图

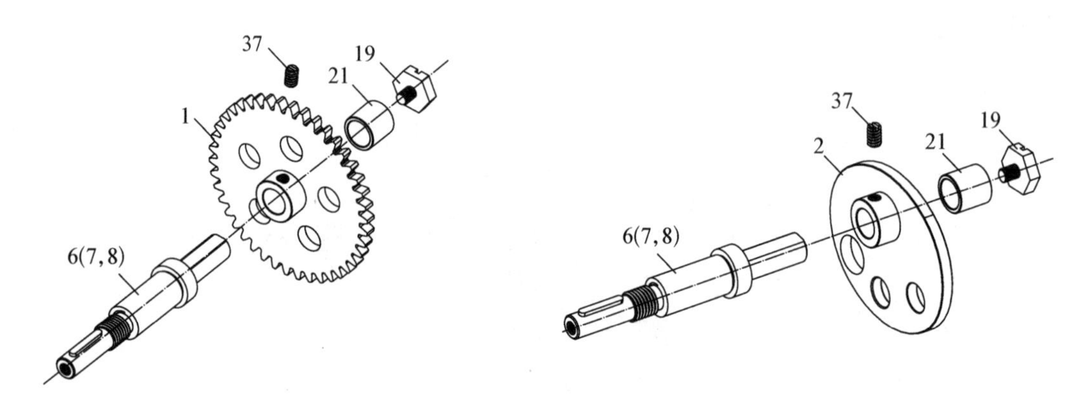

图 2-16　齿轮与主(从)动轴的连接图

图 2-17　凸轮与主(从)动轴的连接图

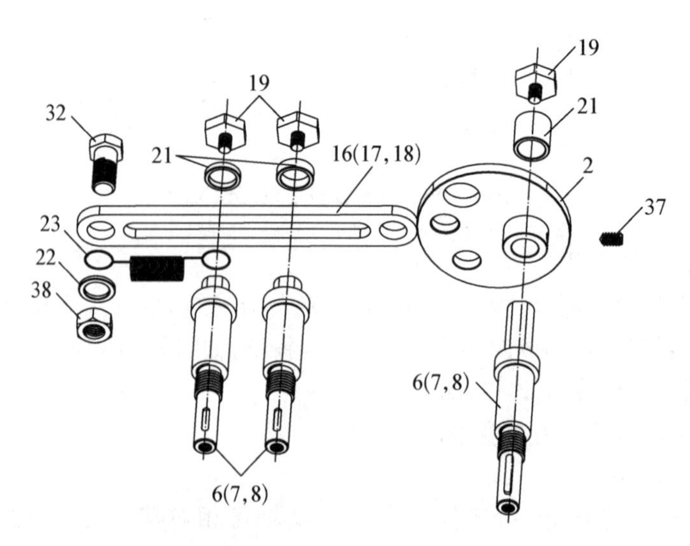

图 2-18　凸轮副的连接图

(11) 槽轮机构的连接

如图 2－19 所示，将拨盘装入主动轴后，应在拨盘上拧入螺钉 37，使拨盘与主动轴无相对运动；同时将槽轮装入主(从)动轴后，也应拧入螺钉 37，使槽轮与主(从)动轴无相对运动。

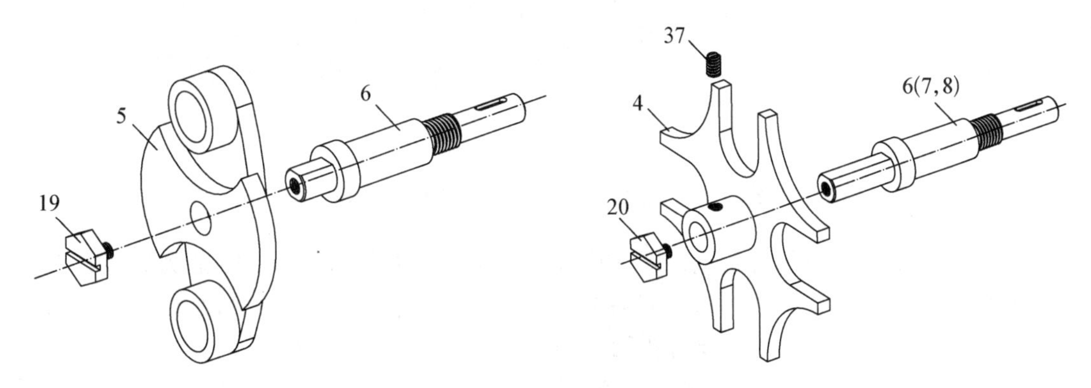

图 2－19 槽轮机构的连接图

(12) 齿条相对机架的连接

如图 2－20 所示连接好后，齿条可相对于机架做直线移动；旋松滑块上的内六角平头紧定螺钉，滑块可在立柱上沿 Y 方向相对移动(齿条护板保证齿轮工作位置)。

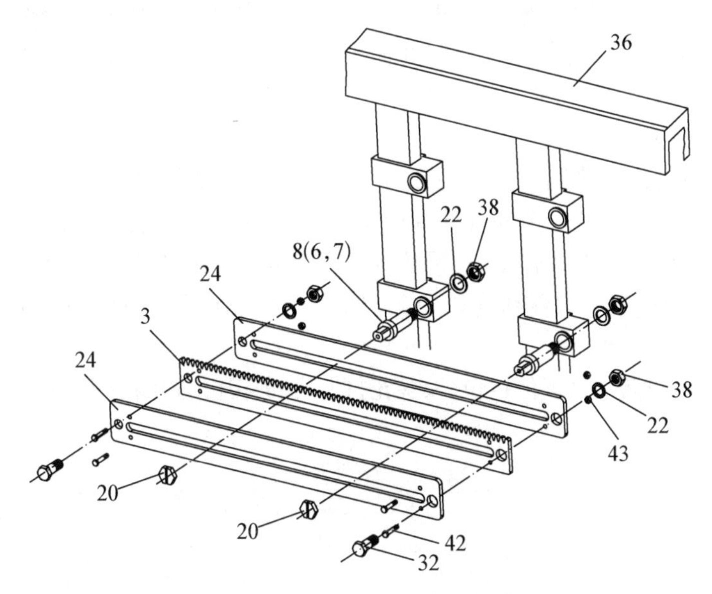

图 2－20 齿条相对机架的连接图

(13) 主动滑块与直线电机轴的连接

当滑块作为主动件时，将主动滑块座与直线电机轴(齿条)固连即可，并完成如图 2－21 所示连接就可组成主动滑块。

6. *机构运动方案*

机构运动创新设计实验的方案可由学生自行构思，需先确定平面机构运动简图，再进行创新并完成方案的拼接，以达到开发学生创造性思维的目的。学生也可选用工程机械中应

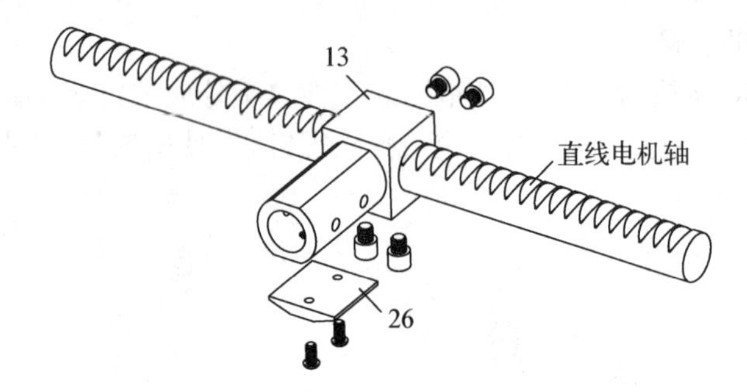

图 2 - 21　主动滑块与直线电机轴的连接图

用的各种平面机构，根据机构运动简图进行拼接实验。ZBS - C 机构运动创新方案设计实验台提供的配件，可进行至少 40 种机构运动方案的拼接。实验时每套实验台可供 3～4 名学生为一组使用，每人完成不少于 1 种机构运动方案的设计与拼接实验。

学生可从下列运用于工程机械中的各种机构中选择实验对象。

(1) 内燃机机构

机构组成：该机构由曲柄滑块机构和摇杆滑块机构组成，如图 2 - 22 所示。

工作特点：当曲柄 1 做连续转动时，滑块 3 做往复直线移动，同时摇杆 5 做往复摆动，并带动滑块 7 做往复直线移动。

应用举例：该机构可用于内燃机中。滑块 3 在压力气体作用下做往复直线运动(故滑块 3 是实际的主动件)，带动曲柄 1 回转并使滑块 7 做往复直线运动，从而使压力气体通过不同路径进入滑块 3 的左、右端并实现排气。

(2) 精压机机构

机构组成：该机构由曲柄滑块机构和两个对称的摇杆滑块机构组成，如图 2 - 23 所示。对称部分由杆件 4 →5 →6 →7 和杆件 8 →9 →10 →7 两部分组成，其中一部分为虚约束。

工作特点：当曲柄 1 连续转动时，滑块 3 上下移动，并通过杆件 4 →5 →6 使滑块 7 上下移动，完成物料的压紧。对称部分 8 →9 →10 →7 的作用是使构件 7 平稳下压，从而使物料受载均匀。

应用举例：钢板打包机、纸板打包机、棉花打捆机、剪板机均可采用该机构来完成预期工作。

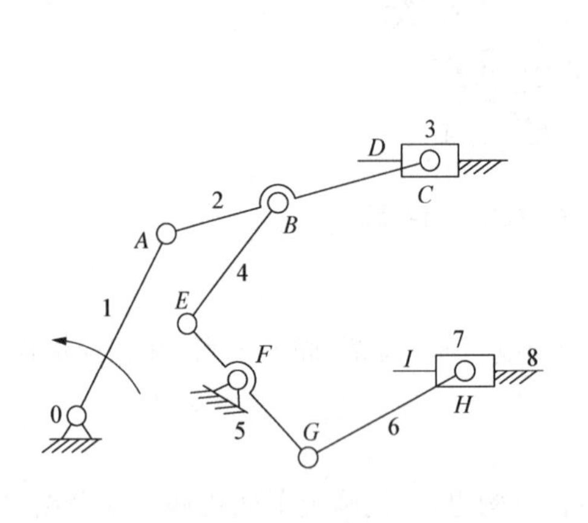

图 2 - 22　内燃机机构

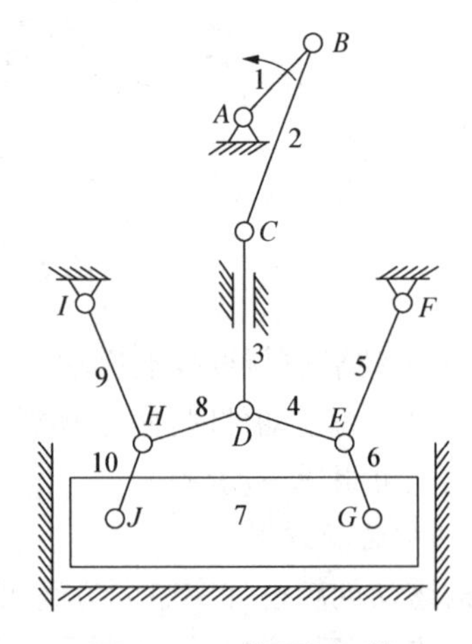

图 2 - 23　精压机机构

(3) 牛头刨床机构

机构组成：该机构由摆动导杆机构和双滑块机构组成，如图 2-24 和图 2-25 所示。其中，图 2-25 是将图 2-24 中的构件 3 由导杆变为滑块、构件 4 由滑块变为导杆而形成的。在图 2-24 中，构件 2、3、4 组成两个同方位的移动副，且构件 3 与其他构件组成移动副两次；而图 2-25 中则将图 2-24 中的点 E 滑块移至点 C，使点 C 移动副在箱底处，这样易于润滑，使移动副的摩擦损失减少、机构工作性能得到改善。图 2-24 和图 2-25 所示机构的运动特性完全相同。

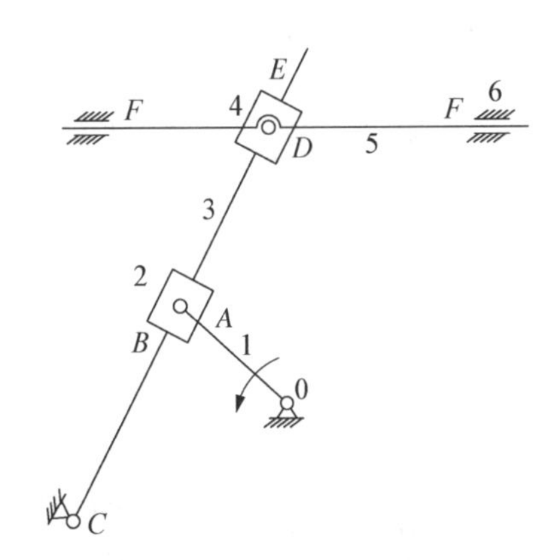

图 2-24　牛头刨床机构(a)

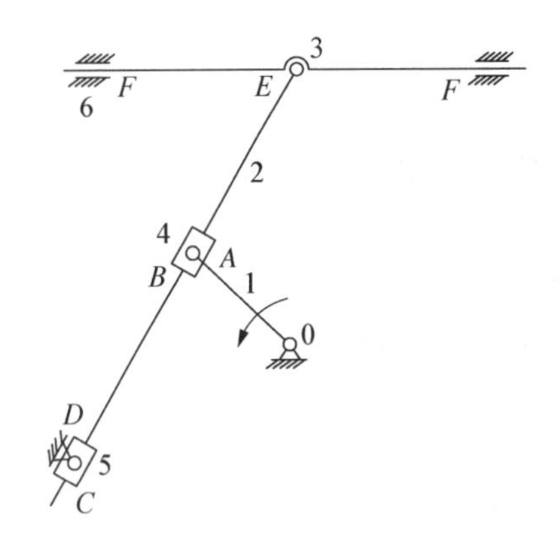

图 2-25　牛头刨床机构(b)

工作特点：当曲柄 1 回转时，导杆 3 绕点 C 摆动并具有急回性质，使杆 5、3 完成往复直线运动并具有工作行程慢回、非工作行程快回的特点。

(4) 齿轮-曲柄摇杆机构

机构组成：该机构由曲柄摇杆机构和齿轮机构组成，如图 2-26 所示。其中，齿轮 5 与摇杆 2 形成刚性连接。

工作特点：当曲柄 1 回转时，摇杆 2 驱动摆杆 3 摆动，从而通过齿轮 5 与齿轮 4 的啮合驱动齿轮 4 回转。由于摆杆 3 的往复摆动，从而实现齿轮 4 的往复回转。

(5) 齿轮-曲柄摆块机构

机构组成：该机构由齿轮机构和曲柄摆块机构组成，如图 2-27 所示。其中，齿轮 1 与杆 2 可相对转动，而齿轮 4 则安装在点 B 铰链处并与导杆 3 固连。

工作特点：杆 2 做圆周运动，为曲柄，通过连杆使摆块摆动，从而改变连杆的姿态，使齿轮 4 带动齿轮 1 做相对于曲柄的同向回转与逆向回转。

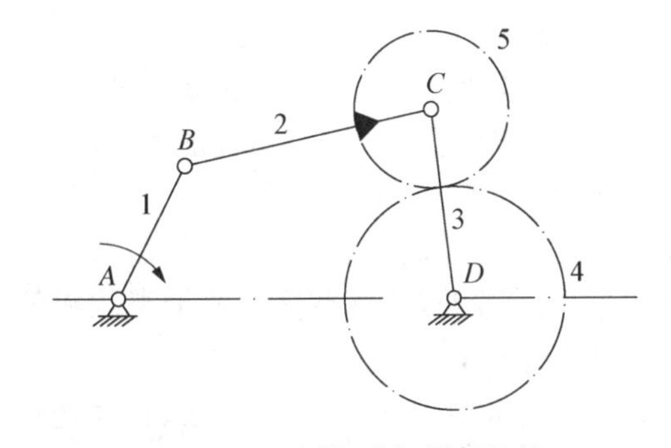

图 2-26　齿轮-曲柄摇杆机构

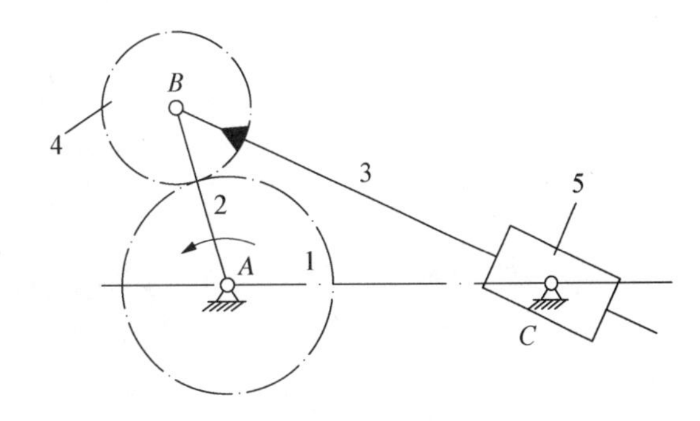

图 2-27　齿轮-曲柄摆块机构

(6) 喷气织机开口机构

机构组成：该机构由曲柄摆块机构、齿轮-齿条机构和摇杆滑块机构组成，如图 2-28 所示。其中，齿条 6 与导杆 2 固连，摇杆 5 与齿轮 3 固连。

工作特点：曲柄 1 以等角速度回转，带动导杆 2 随摆块摆动的同时与摆块做相对移动，在导杆上固装的齿条与活套在轴上的齿轮相啮合，从而使齿轮做大角度摆动，与齿轮固连在一起的杆 5 随之运动，通过连杆 8(7)使滑块做上下往复运动。在组合机构中，齿条的运动是由移动和转动合成的复合运动，而齿轮的运动取决于这两种运动的合成。

(7) 双滑块机构

机构组成：该机构由双滑块组成，可看成由曲柄滑块机构 $A-B-C$ 构成，从而将滑块 4 视作虚约束，如图 2-29 所示。

工作特点：当曲柄 1 做匀速转动时，滑块 3、4 均做直线运动，同时杆 2 上任一点的轨迹均为椭圆。

应用举例：椭圆画器和剑杆织机引纬机构。

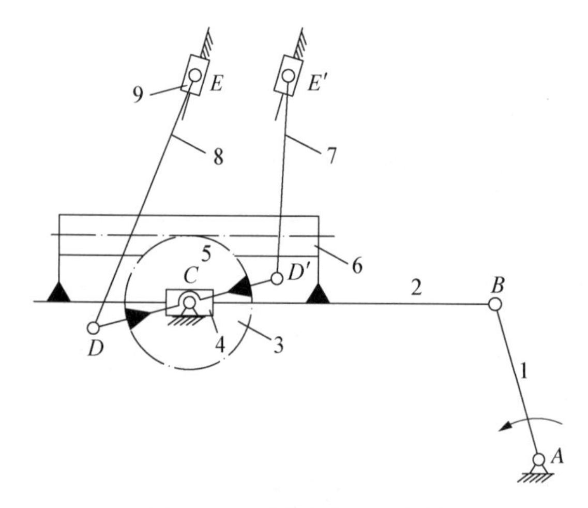

图 2-28　喷气织机开口机构

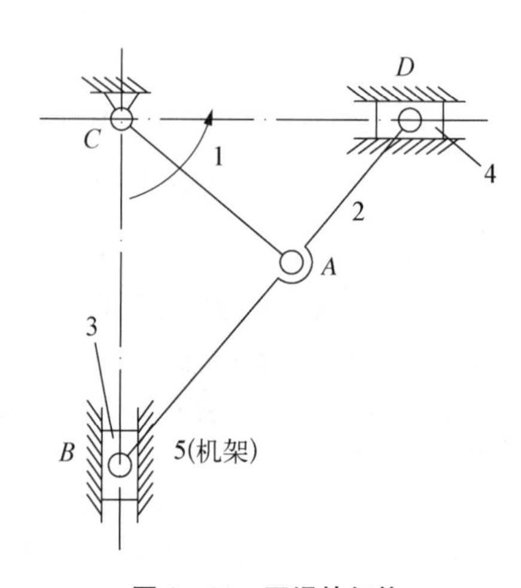

图 2-29　双滑块机构

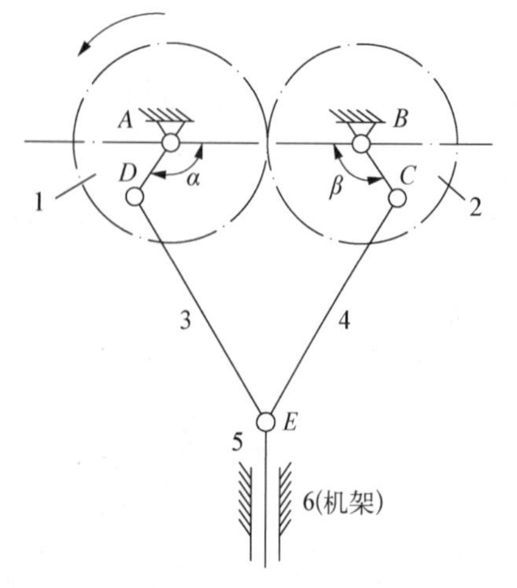

图 2-30　冲压机构

(8) 冲压机构

机构组成：该机构由齿轮机构和对称配置的两个曲柄滑块机构组成，如图 2-30 所示。其中，杆 AD 与齿轮 1 固连，杆 BC 与齿轮 2 固连。

组成要求：$z_1=z_2$，$AD=BC$，$\alpha=\beta$。

工作特点：齿轮 1 匀速转动，带动齿轮 2 回转，从而通过连杆 3、4 驱动杆 5 做上下直线运动，完成预定功能。

该机构可拆去杆 5，而点 E 的运动轨迹不变，故该机构可用于因受空间限制而无法安置滑槽，但又需获得直线进给的自动机械中。另外，对称布置的曲柄滑块机构可使滑块受力运动状态变好。

应用举例：该机构可用于冲压机、充气泵、自动送料机中。

(9) 插床机构

机构组成：该机构由转动导杆机构和正置曲柄滑块机构组成，如图 2－31 所示。

工作特点：曲柄 1 匀速转动，通过滑块 2 带动从动杆 3 绕点 B 回转，通过连杆 4 驱动滑块 5 做直线移动。由于导杆机构驱动滑块 5 做往复运动时对应的曲柄 1 的转角不同，因而滑块 5 具有急回特性。

应用举例：该机构可用于刨床和插床中。

(10) 筛料机构

机构组成：该机构由曲柄摇杆机构和摇杆滑块机构组成，如图 2－32 所示。

工作特点：曲柄 1 匀速转动，通过摇杆 3 和连杆 4 带动滑块 5 做往复直线运动，由于曲柄摇杆机构的急回性质，滑块 5 的速度、加速度变化较大，从而更好地完成筛料工作。

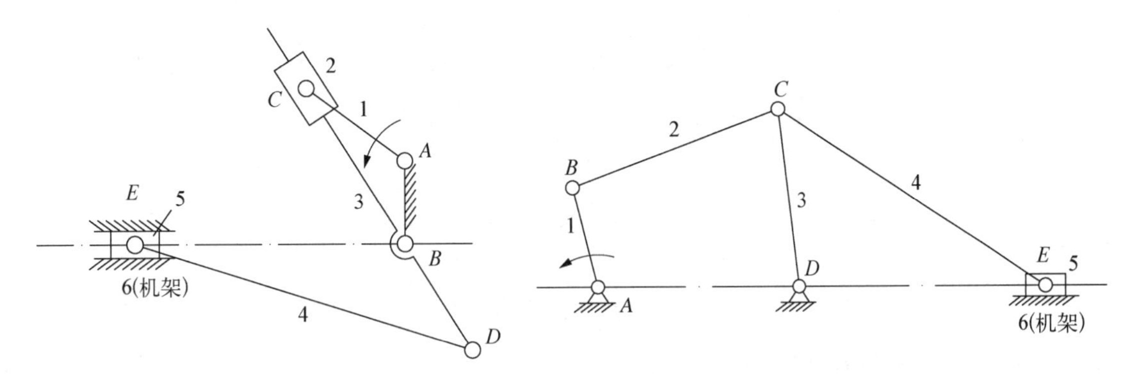

图 2－31　插床机构　　　　图 2－32　筛料机构

(11) 凸轮-连杆组合机构

机构组成：该机构由凸轮机构、曲柄连杆机构和齿轮-齿条机构组成，如图 2－33 所示。其中，曲柄 EF 与齿轮 4 固连。

工作特点：凸轮为主动件，做匀速转动，通过摇杆 2 和连杆 3 使齿轮 4 回转，通过齿轮 4 与齿条 5 的啮合使齿条 5 做直线运动，由于凸轮的轮廓曲线和行程限制以及各杆件的尺寸制约关系，齿轮 4 只能做往复转动，从而使齿条 5 做往复直线移动。

应用举例：该机构可用作粗梳毛纺细纱机钢领板运动的传动机构。

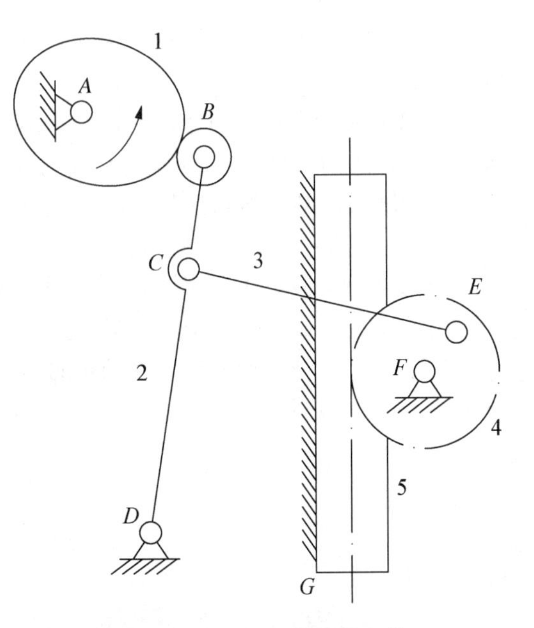

图 2－33　凸轮-连杆组合机构

(12) 凸轮-五连杆机构

机构组成：该机构由凸轮机构和连杆机构组成，如图 2－34 所示。其中，凸轮 1 既与主动曲柄 1 固连，又与摆杆 4 构成高副。

工作特点：凸轮 1 匀速回转，通过杆 1 和杆 3 将运动传递给杆 2，从而杆 2 的运动是两种运动的合成运动，因此连杆 2 上的点 C 可以实现给定的运动轨迹。

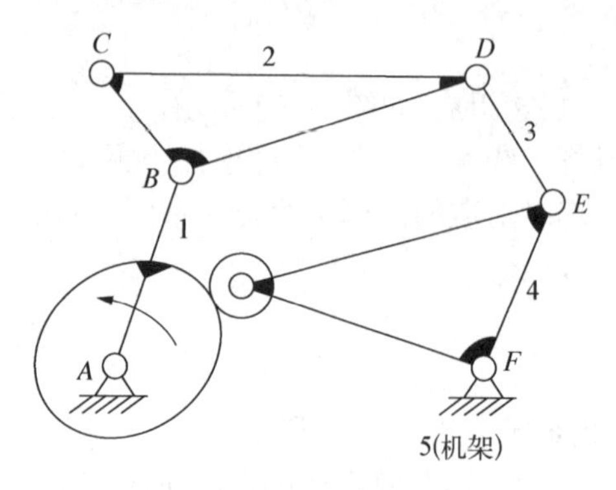

图 2-34　凸轮-五连杆机构

(13) 行程放大机构

机构组成：该机构由曲柄滑块机构和齿轮-齿条机构组成，如图 2-35 所示。其中，齿条 5 为机架，齿条 4 为移动件。

工作特点：曲柄 1 匀速转动，连杆 2 上的点 C 做直线运动，通过齿轮 3 带动齿条 4 做直线移动，因齿条 4 的移动行程是点 C 的运动行程的两倍，故为行程放大机构。

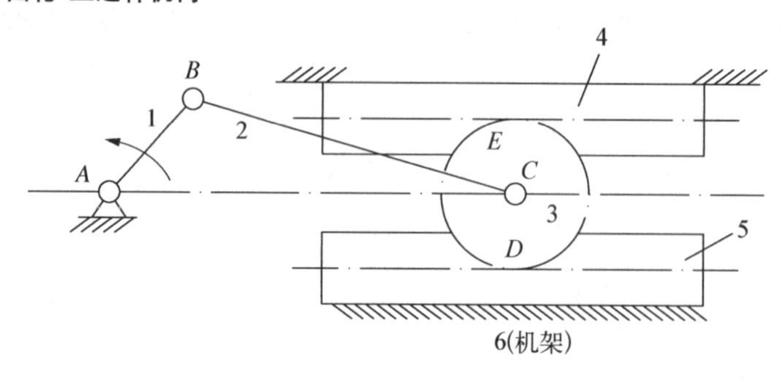

图 2-35　行程放大机构

注：若为偏置曲柄滑块机构，则齿条 4 具有急回性质。

(14) 冲压机构

机构组成：该机构由齿轮机构、凸轮机构和连杆机构组成，如图 2-36 所示。其中，凸轮 3 与齿轮 2 固连。

工作特点：齿轮 1 匀速转动，齿轮 2 带动与其固连的凸轮 3 一起转动，通过连杆机构使滑块 7 和滑块 10 做往复直线移动，其中滑块 7 完成冲压运动，滑块 10 完成送料运动。

应用举例：该机构可用于连续自动冲压机床和剪床(以滑块 7 为剪切工具)中。

(15) 双摆杆摆角放大机构

机构组成：该机构由摆动导杆机构组成，如图 2-37 所示。

组成要求：$L_1 > L_{AB}$($\overline{AC} > \overline{AB}$)。

工作特点：当主动摆杆 1 摆动 α 时，从动杆 3 的摆角为 β，且有 $\beta > \alpha$，从而实现摆角放大。各参数之间的关系如下：

$$\beta = 2\arctan \frac{\dfrac{\overline{AC}}{\overline{AB}} \tan \dfrac{\alpha}{2}}{\dfrac{\overline{AC}}{\overline{AB}} - \sec \dfrac{\alpha}{2}}$$

【实验任务】

1. 从图 2-22～图 2-37 中任选一机构运动简图，拆分杆组，在实验台机架上拼装或装

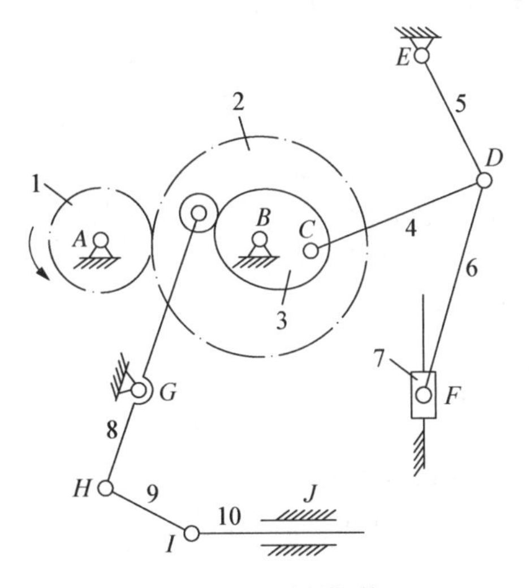

图 2－36　冲压机构

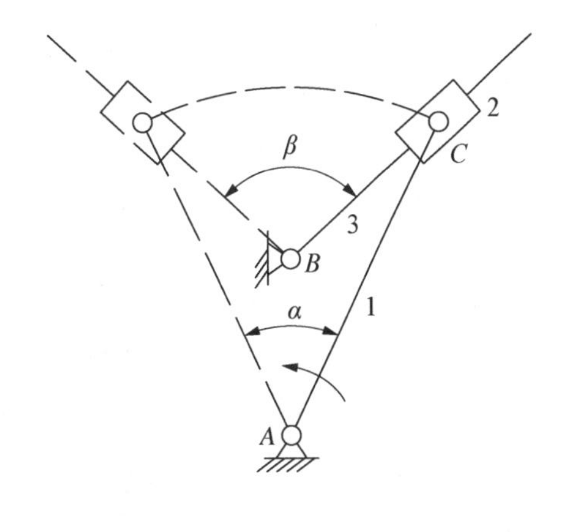

图 2－37　双摆杆摆角放大机构

配出该机构。

2. 从预先提供的机构创新设计动画合集中任选一机构运动动画，画出简图，拆分杆组，在实验台机架上拼装或装配出该机构。

【实验注意事项】

请同学们爱护实验教学仪器，实验完成后应将仪器恢复至原有状态，组件、零件和工具不能丢失。

【实验步骤】

1. 根据表 2－1 列出的 ZBS－C 机构运动创新方案设计实验台组件清单，认知本实验中的实验设备，包括序号、名称、示意图、规格和件数等，以及实验中用到的工具。

2. 选定实验任务，拆分杆组，确定杆组级别。

3. 根据杆组拆分方案，在表 2－1 中找出需要的全部装配组件或零件。

4. 将所拆分的杆组按运动传递顺序拼装或装配于实验台机架上。

5. 调试该机构，使其能够按照预设方案正常运转。

6. 绘制该机构的机构运动简图。

7. 将该机构拆卸，并将所用组件或零件以及工具等按要求有序回收至实验仪器柜和工具箱中。

【实验报告】

请同学们根据以上所有操作和自己的思考完成实验报告。

表 2-1　ZBS-C 机构运动创新方案设计实验台组件清单

序号	名　称	示　意　图	规　　格	件数	备　　注
1	齿轮	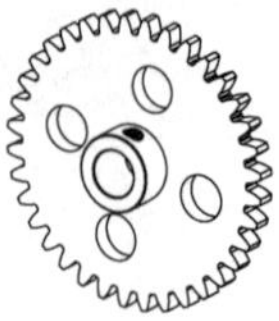	$m=2$，$\alpha=20°$，$z=28$，35，42，56	各 3，共 12	$D=$56 mm 70 mm 84 mm 112 mm
2	凸轮	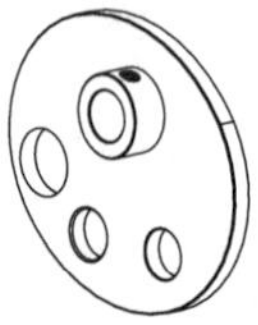	基圆半径 $R=20$ mm，升回型，行程为 30 mm	3	
3	齿条	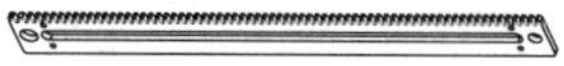	$m=2$，$\alpha=20°$	3	
4	槽轮	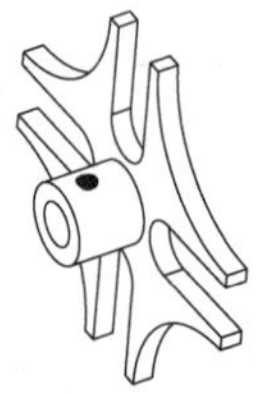	4 槽	1	
5	拨盘	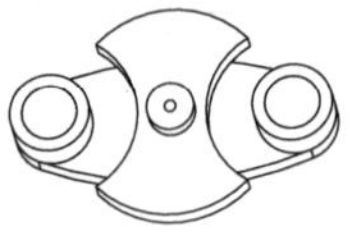	双销，销回转半径 $R=49.5$ mm	1	
6	主动轴	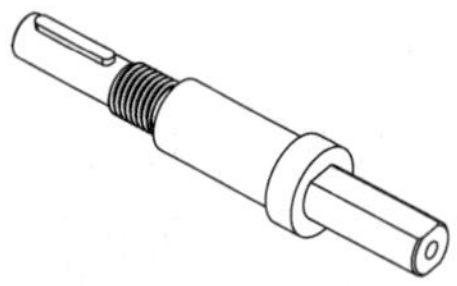	15 mm 30 mm $L=45$ mm 60 mm 75 mm	4 4 3 2 2	
7	从动轴（形成回转副）		15 mm 30 mm $L=45$ mm 60 mm 75 mm	8 6 6 4 4	
8	从动轴（形成移动副）		15 mm 30 mm $L=45$ mm 60 mm 75 mm	8 6 6 4 4	

续　表

序号	名　称	示　意　图	规　　格	件数	备　　注
9	转动副轴（或滑块）		L=5 mm	32	
10	复合铰链Ⅰ（或滑块）		L=20 mm	8	
11	复合铰链Ⅱ（或滑块）		L=20 mm	8	
12	主动滑块插件		L=40 mm L=55 mm	1 1	
13	主动滑块座	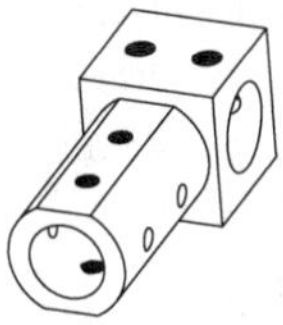		1	
14	活动铰链座Ⅰ	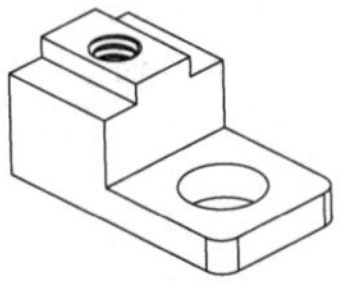	螺孔 M8	16	可在杆件任意位置形成转-移动副
15	活动铰链座Ⅱ	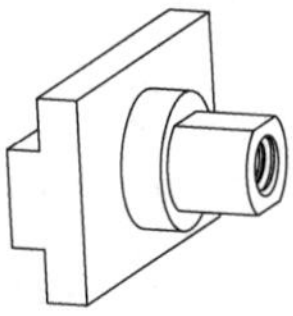	螺孔 M5	16	可在杆件任意位置形成移动副或转动副
16	滑块导向杆（或连杆）	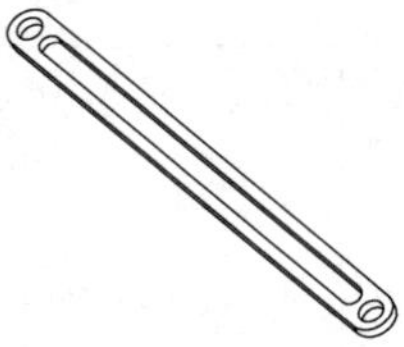	L=330 mm	4	

续 表

序号	名 称	示 意 图	规 格	件数	备 注
17	连杆Ⅰ		$L=$ 100 mm 110 mm 150 mm 160 mm 240 mm 300 mm	12 12 8 8 8 8	
18	连杆Ⅱ		$L_1=22$ mm $L_2=138$ mm	8	
19	压紧螺栓		M5	64	
20	带垫片螺栓		M5	48	
21	层面限位套		$L=$ 4 mm 7 mm 10 mm 15 mm 30 mm 45 mm 60 mm	6 6 20 40 20 20 10	
22	紧固垫片（限制轴回转）		厚 2 mm，孔径为 16 mm，外径为 22 mm	20	
23	高副锁紧弹簧			3	
24	齿条护板			6	
25	T 型螺母			20	用于电机座与行程开关座的固定

续 表

序号	名 称	示 意 图	规 格	件数	备 注
26	行程开关碰块	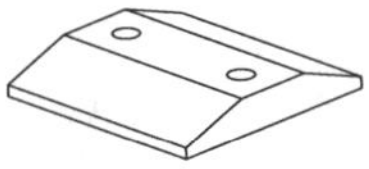		1	
27	皮带轮	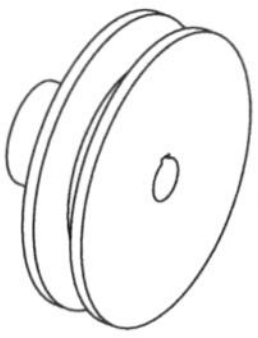		6	
28	张紧轮	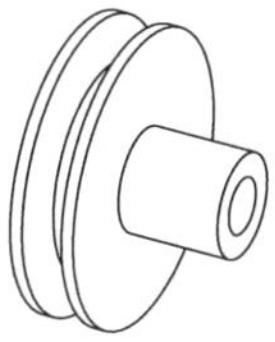		3	
29	张紧轮支承杆	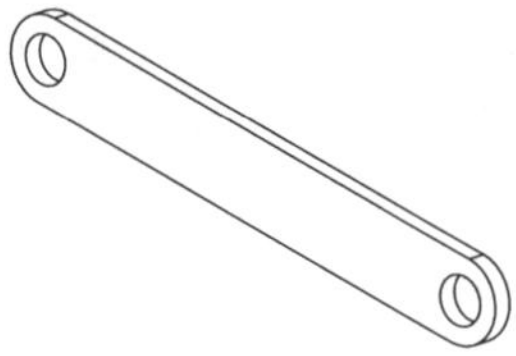		3	
30	张紧轮销轴			3	
31	螺栓Ⅰ	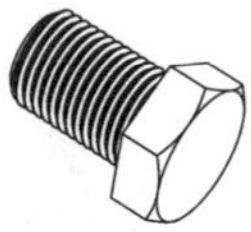	M10×15	6	
32	螺栓Ⅱ	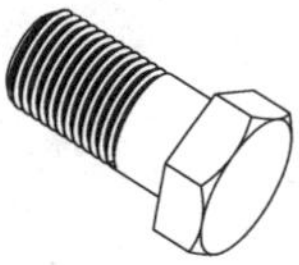	M10×20	6	
33	螺栓Ⅲ		M8×15	6	

续 表

序号	名 称	示 意 图	规 格	件数	备 注
34	直线电机		10 mm/s	1	带电机座及安装螺栓/螺母
35	旋转电机		10 r/min	3	带电机座及安装螺栓/螺母
36	实验台机架			4	机架中可移动立柱有 4 根，每根立柱上可移动滑块有 3 块。用直线电机的机架配有行程开关、行程开关安装板及直线电机控制器
37	平头紧定螺钉		M6×6	21	标准件
38	六角螺母		M10 M12	6+6 30	标准件
39	六角薄螺母		M8	12	标准件
40	平键		A 型 3×20	15	标准件
41	皮带(O形)		L_1=710 mm L_2=900 mm L_3=1 120 mm	3	标准件

续 表

序号	名 称	示 意 图	规 格	件数	备 注
42	螺栓		M4×16	12	标准件
43	螺母		M4	12	标准件

机构创新设计实验报告

班　级	姓　名	学　　号	专　　业	实验日期

<table>
<tr><th colspan="6">实验成绩构成表</th></tr>
<tr><td rowspan="2">必要内容</td><td colspan="2">实验预习(实验前)</td><td colspan="2">实验完成(实验现场)
无教师签字无成绩</td><td>实验报告(实验后)
无实验报告无成绩</td><td>总成绩</td></tr>
<tr><td colspan="2"></td><td colspan="2"></td><td></td><td rowspan="3"></td></tr>
<tr><td rowspan="2">奖惩内容</td><td>加分项</td><td colspan="2"></td><td colspan="2">老师证明签字:</td></tr>
<tr><td>减分项</td><td colspan="2"></td><td colspan="2">老师证明签字:</td></tr>
</table>

一、实验目的及实验设备

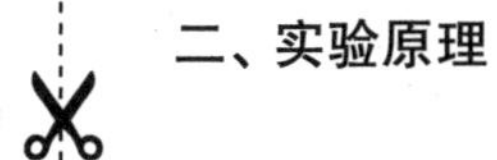

二、实验原理

三、实验步骤

四、实验任务

1. 实验拼装或装配机构的机构运动简图或者示意图

2. 实验拼装或装配机构的杆组拆分方案图

五、预习思考题解答

六、实验结论或者心得

实验3　齿轮范成实验

实验学时： 2　　**实验类型：** 验证　　**实验要求：** 必修
实验手段： 线上教学＋教师讲授＋学生独立操作

【实验概述】

本实验可作为理论课程机械设计基础、机械原理的课内实验项目，也可作为独立设置的实验课程机械设计基础实验的实验项目，通过本实验项目拟达到以下实验目的：

(1) 通过齿条刀具范成渐开线齿轮的过程，掌握用范成法制造齿轮的原理；

(2) 观察用齿轮范成仪绘制的渐开线齿轮齿廓图上的根切现象，分析产生根切现象的原因，并用变位修正法避免轮齿出现根切；

(3) 将变位齿轮与标准齿轮做比较，掌握哪些参数发生变化及其变化的趋势如何。

本实验涉及以下实验设备：

(1) 齿轮范成仪，本范成仪所用两把刀具模型为齿条型插齿刀，其参数为 $m_1=20$ mm，$z_1=8$，$m_2=8$ mm，$z_2=20$，$\alpha=20°$，$h_a^*=1$，$C^*=0.25$；

(2) 学生自备的绘图工具、文具，如A4图纸、剪刀、圆规、三角板、双色铅笔或圆珠笔等。

【预习思考题】

1. 用范成法加工标准齿轮时，产生根切现象的原因有哪些？
2. 根切的危害是什么？

【实验原理】

齿轮范成法是利用一对齿轮相互啮合时共轭齿廓互为包络线的原理来加工齿轮的，加工时刀具与轮坯以恒定的传动比进行传动，与一对真实齿轮的啮合传动一样，同时刀具还沿着轮坯轴线方向做上下切削运动。由于刀具的齿廓形状为渐开线，因而被加工齿轮的齿廓就是刀具的刀刃在轮坯上包络出的、与刀具齿共轭的渐开线齿廓。在实际加工齿轮时，因看不到刀具在各个位置形成包络线的过程，故我们用齿轮范成仪来模拟用范成法切削渐开线齿轮的加工过程。用图纸制作轮坯，在不考虑切削运动和让刀运动的情况下，在刀具与轮坯对滚时，刀刃在图纸上印出各个位置的投影线，这些投影线的包络线就是被加工齿轮的渐开线齿廓。

实验用齿轮范成仪的结构如图 3－1 所示。

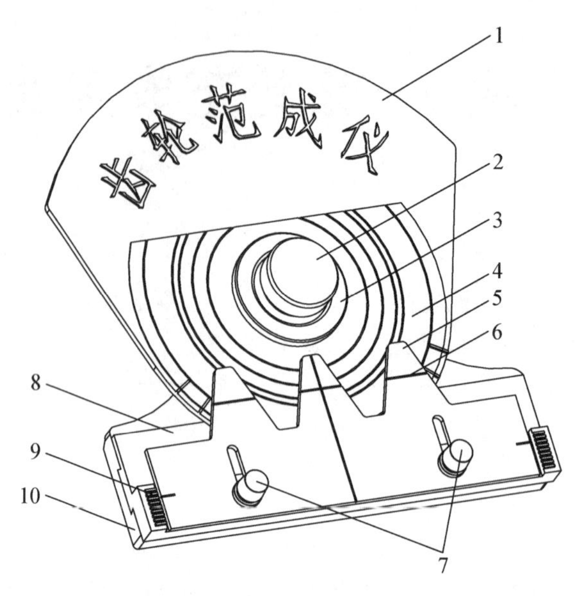

1—工作台；2—压紧螺母；3—压紧圆环；4—纸质齿坯；5—齿条刀具；6—齿条刀具中线；
7—齿条紧固螺母；8—滑块导轨；9—径向移动刻度；10—机架

图 3－1　齿轮范成仪

1 代表齿轮加工机床的工作台，固定在它上面的纸质齿坯 4 代表被加工齿轮的轮坯，它们可以绕机架 10 上的轴线转动。齿条刀具 5 代表切齿刀具，安装在滑块导轨 8 上。当移动滑块导轨 8 时，齿轮齿条使工作台 1 与滑块导轨 8 做纯滚动。通过调节齿条紧固螺母 7，可以使齿条刀具 5 相对于工作台 1 做径向移动，当齿条刀具中线 6 与轮坯分度圆相切时，切制出的是标准齿轮。若切制变位齿轮，则调节齿条刀具 5 的中心线与被切轮坯分度圆的距离，根据滑块导轨 8 上的径向移动刻度 9 进行调节，调节距离为模数与变位系数的乘积，即 mx，进而切制出正变位齿轮或负变位齿轮的齿廓。

【实验任务】

本实验要求学生至少完成标准齿轮切削实验，变位齿轮切削实验为选做内容。

【实验注意事项】

请同学们爱护实验教学仪器(齿轮范成仪)，实验完成后应将仪器复原，零配件不能丢失。

【实验步骤】

1. 被加工齿轮的参数见表 3－1。取变位系数 $x_1=0$，$x_2=0.53$，分别计算标准齿轮 1 的分度圆直径 d、基圆直径 d_b、齿顶圆直径 d_a、齿根圆直径 d_f 以及正变位齿轮 1 和负变位齿轮 1 的齿顶圆直径、齿根圆直径，并填入实验报告表 3－2 中。

表 3－1　被加工齿轮的参数

	m/mm	z	α/(°)	h_a^*	C^*
齿条刀具 1	20	8	20	1	0.25
齿条刀具 2	8	20	20	1	0.25

2. 根据图 3－2，用自备的 A4 图纸制作纸质齿坯。用圆规画出步骤 1 中的 6 个圆，并用剪刀沿直径最大的圆周将多余部分剪掉。纸质齿坯制作应在实验课前完成。

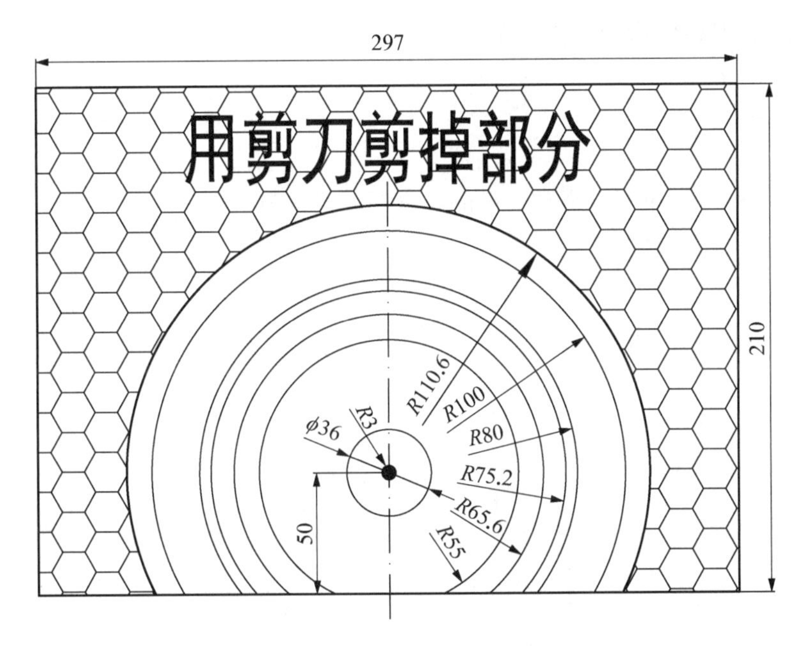

图 3－2　A4 图纸上纸质齿坯制作(单位：mm)

3. 拧松齿条紧固螺母 7，取下齿轮范成仪上的齿条刀具 5。

4. 将纸质齿坯中间半径为 3 mm 的圆剪掉，拧下压紧螺母 2 和压紧圆环 3，将纸质齿坯安装在工作台 1 的轴心上。尤其需要注意的是，要保证纸质齿坯的圆心和工作台 1 的轴心重合。

5. 取 $m=20$ mm 的齿条刀具安装在滑块导轨 8 上，轻旋齿条紧固螺母 7，调节齿条刀具中线 6 和齿坯分度圆相切，齿条刀具垂直中线和纸质齿坯圆心对齐，之后拧紧齿条紧固螺母 7。

6. 将滑块导轨 8 推至左边或右边极限位置，准备进行“切削”。

7. 进行“切削”。每当把滑块导轨 8 向左或向右推动 3～5 mm 的距离时，在纸质齿坯 4 上用铅笔或者圆珠笔笔尖始终紧贴着齿条刀具 5 轮廓描下刀刃的位置，表示齿条刀具切削一次的刀刃轨迹。推动滑块导轨 8 的距离应均匀，表示等速范成。继续描绘，直至“切削”完成2个完整齿形。

仔细观察齿廓的形成过程，可清楚地看到被切到的部分成为齿槽，留下的部分成为直线刀刃范成包络而成的渐开线齿轮。另外，观察轮齿根部有无被切去的部分。

8. 将滑块导轨8推回至齿条刀具垂直中线对齐纸质齿坯圆心的位置，拧松齿条紧固螺母7，调节齿条刀具5远离纸质齿坯4的圆心，移距值为$mx=20\times0.53=10.6(\mathrm{mm})$，即切制正变位齿轮时应使齿条刀具远离纸质齿坯的圆心10.6 mm。调节时可参考滑块导轨8上的径向移动刻度9。

9. 用另一种颜色的笔描下齿条轮廓的位置。重复步骤6、7，“切削”正变位齿轮。

10. 若切制负变位齿轮，则需将齿条刀具移近纸质齿坯的圆心，其他步骤相同。

实验完成后，观察并比较标准齿轮、正变位齿轮和负变位齿轮的齿形、齿距p、齿厚s、齿槽宽e、齿顶高h_a、齿根高h_f、全齿高h等有无变化，填入实验报告表3-3中，分析其相对变化的特点以及根切现象、齿顶变尖现象。

【实验报告】

请同学们根据以上所有操作和自己的思考完成实验报告。

齿轮范成实验报告

班　级	姓　名	学　　号	专　　业	实验日期

<table>
<tr><th colspan="5">实验成绩构成表</th></tr>
<tr><td rowspan="2">必要
内容</td><td colspan="2">实验预习(实验前)</td><td>实验完成(实验现场)
无教师签字无成绩</td><td>实验报告(实验后)
无实验报告无成绩</td><td>总成绩</td></tr>
<tr><td colspan="2"></td><td></td><td></td><td rowspan="3"></td></tr>
<tr><td rowspan="2">奖惩
内容</td><td>加分项</td><td></td><td colspan="2">老师证明签字:</td></tr>
<tr><td>减分项</td><td></td><td colspan="2">老师证明签字:</td></tr>
</table>

一、实验目的及实验设备

二、实验原理

三、实验步骤

四、实验任务

1. 齿坯预画齿轮参数计算(保留两位小数)

表 3-2　齿坯预画齿轮参数计算表

序号	参数	计　算　公　式	标准齿轮 1 ($x=0$)	正变位齿轮 1 ($x=0.53$)	负变位齿轮 1 ($x=-0.53$)
1	d				
2	d_b				
3	d_a				
4	d_f				

2. 标准齿轮与变位齿轮参数计算(保留两位小数)

表 3-3　标准齿轮与变位齿轮参数计算表

序号	参数	计　算　公　式	标准齿轮 1 ($x=0$)	正变位齿轮 1 ($x=0.53$)	负变位齿轮 1 ($x=-0.53$)
1	d				
2	d_b				
3	d_a				
4	d_f				
5	p				
6	s				
7	e				
8	h_a				
9	h_f				
10	h				

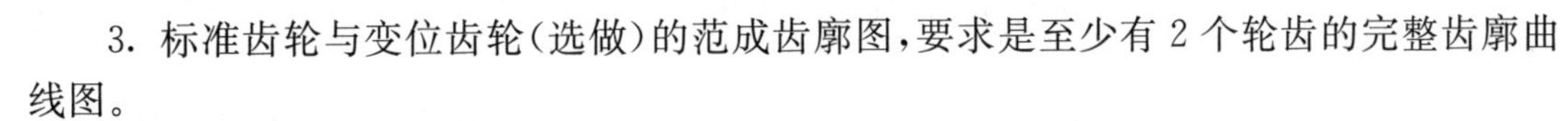

3. 标准齿轮与变位齿轮(选做)的范成齿廓图,要求是至少有 2 个轮齿的完整齿廓曲线图。

(附于实验报告上即可)

五、预习思考题解答

六、实验结论或者心得

实验 4　渐开线齿轮参数测定

实验学时：32　　**实验类型：**验证　　**实验要求：**开放选修
实验手段：线上教学＋教师讲授＋学生独立操作

【实验概述】

通过本实验项目拟达到以下实验目的：

(1) 综合利用查表法、计算法等，掌握对渐开线齿轮进行测量并确定其原设计基本参数的方法；

(2) 通过测量齿轮各部分尺寸，进一步加深对渐开线齿轮参数的相互关系及啮合原理的理解。

本实验涉及以下实验设备：

(1) 8 个被测齿轮对象，其参数详见表 4－1；

(2) 游标卡尺（包括齿厚游标卡尺）及学生自备的测绘工具（如直尺、圆规等）。

表 4－1　被测齿轮参数

被测齿轮编号	模数/mm	齿数/个	变位系数	齿高变动系数	外径/mm	传动方式	
1	5	12			70	标准齿轮传动	可组零传动
2	5	18			100		
3	5	18	＋0.35		103.5	高度变位齿轮传动	可组零传动
4	5	30	－0.35		156.5		
5	5	12	＋0.55	＋0.154	73.96	角度变位齿轮传动	可组正传动
6	5	25	＋0.529	＋0.154	138.75		
7	5	25	－0.35	＋0.25	129		可组负传动
8	5	31	－0.6	＋0.25	156.5		

【预习思考题】

1. 齿轮的哪些误差会影响本实验的测量精度?
2. 试分析影响测量精度的因素。

【实验原理】

实验测量和计算渐开线直齿圆柱齿轮的基本参数主要包括齿数 z、模数 m(或径节 P)、分度圆上压力角 α、齿顶高系数 h_a^*、径向间隙系数 C^*、变位系数 x、齿高变动系数 Δy 等。

齿轮有模数制齿轮和径节制齿轮之分。我国使用的是模数制齿轮,即以模数作为计算齿轮几何尺寸的基本参数。英国、美国等一些通常以英制为单位的国家使用径节制齿轮,即以径节作为计算齿轮几何尺寸的基本参数。模数用 m 表示,以 mm 为单位,指分度圆上每齿所占据的弧长;径节用 P 表示,以 in(英寸)为单位,指分度圆上每英寸弧长所占有的齿数。由此可知:

模数:$m=d/z$ (d 的单位是 mm)

径节:$P=z/d$ (d 的单位是 in)

因此,模数 m 与径节 P 的关系是互为倒数,但是单位制不同,而且模数与径节的乘积恒等于 25.4,即

$$m=1/P\times 25.4$$
$$P=1/m\times 25.4$$

由于采用的齿轮标准制度各不相同,有时还遇到使用短齿齿形、变位齿轮的情况,这样需要测量的参数很多,因而齿轮测量是一项比较复杂的工作。但是各种齿轮标准制度都规定以模数(或径节)作为齿轮其他参数的计算依据,因此要先准确地判定模数(或径节)的大小。另外,压力角是决定齿形的基本参数,因此也要先准确进行判定。

一般渐开线齿轮参数测定的步骤如下。

1. *确定齿数 z*

齿数 z 可根据被测齿轮直接数出。

2. *确定模数 m(或径节 P)和压力角 α*

方法一: 通过测量基圆齿距 p_b 来求模数 m(或径节 P)

要确定 m(或 P)和 α,首先应测出基圆齿距 p_b,因渐开线的法线切于基圆,故由图 4-1 可知,基圆的切线与齿廓垂直。因此,用游标卡尺先跨过 k 个齿,测得齿廓间的公法线距离为 w_k,再跨过 $(k+1)$ 个齿,测得齿廓间的公法线距离为 w_{k+1}。为保证游标卡尺的两个卡爪与齿廓的渐开线部分相切,应根据被测齿轮的齿数 z 并参考表 4-2 来决定跨齿数 k。

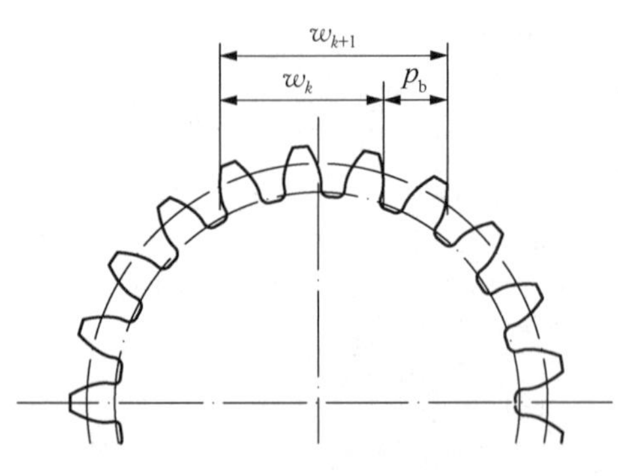

图 4-1　渐开线齿轮参数测定原理图

表 4-2　齿数与跨齿数的对应关系

z	12～18	19～27	28～36	37～45	46～54	55～63	64～72	73～81
k	2	3	4	5	6	7	8	9

由渐开线的性质可知，齿廓间的公法线 AB 与对应基圆上圆弧 ab 的长度相等，因此得

$$w_k = (k-1)p_b + s_b$$

同理

$$w_{k+1} = kp_b + s_b$$

两式相减消去 s_b，得基圆齿距

$$p_b = w_{k+1} - w_k$$

因为 $p_b = \pi m \cos\alpha$，并且公式中 m 和 α 都已标准化，所以根据测出的基圆齿距 p_b 查表 4-3，可得出相应的模数 m（或径节 P）和压力角 α。

表 4-3　基圆齿距表

m/mm	P/in	p_b/mm			
		$\alpha=22.5°$	$\alpha=20°$	$\alpha=15°$	$\alpha=14.5°$
1.00	25.400	2.902	2.952	3.053	3.041
1.25	20.320	3.682	3.690	3.793	3.817
1.50	16.933	4.354	4.428	4.552	4.625
1.75	14.514	5.079	5.166	5.310	5.323
2.00	12.700	5.805	5.904	6.096	6.080
2.25	11.289	6.530	6.642	6.828	6.843
2.50	10.160	7.256	7.380	7.586	7.604
2.75	9.236	7.982	8.118	8.345	8.363
3.00	8.467	8.707	8.856	9.104	9.125
3.25	7.815	9.433	9.594	9.862	9.885
3.50	7.257	10.159	10.332	10.621	10.645
3.75	6.773	10.884	11.071	11.379	11.406
4.00	6.350	11.61	11.808	12.138	12.166

续 表

m/mm	P/in	p_b/mm			
		$\alpha=22.5°$	$\alpha=20°$	$\alpha=15°$	$\alpha=14.5°$
4.50	5.644	13.061	13.285	13.655	13.687
5.00	5.080	14.512	14.761	15.173	15.208
5.50	4.618	15.963	16.237	16.69	16.728
6.00	4.233	17.415	17.731	18.207	18.249
6.50	3.907	18.886	19.189	19.724	19.770
7	3.629	20.317	20.665	21.242	21.291
8	3.175	23.220	23.617	24.276	24.332
9	2.822	26.122	26.569	27.311	27.374
10	2.540	29.024	29.521	30.345	30.415
11	2.309	31.927	32.473	33.38	33.457
12	2.117	34.829	35.426	36.414	36.498
13	1.954	37.732	38.378	39.449	39.540
14	1.814	40.634	41.330	42.484	42.518
15	1.693	43.537	44.282	45.518	45.632
16	1.588	46.439	47.234	48.553	48.665
18	1.411	52.244	53.138	54.622	54.748
20	1.270	58.049	59.043	60.691	60.831
22	1.155	63.854	64.947	66.760	66.914
25	1.016	72.561	73.803	75.864	76.038
28	0.907	81.278	82.660	84.968	85.162
30	0.847	87.070	88.564	91.040	91.250
33	0.770	95.787	97.419	100.140	100.371
36	0.651	104.487	106.278	109.242	109.494

续　表

m/mm	P/in	p_b/mm			
		$\alpha=22.5°$	$\alpha=20°$	$\alpha=15°$	$\alpha=14.5°$
40	0.635	116.098	118.086	121.380	121.660
45	0.564	130.610	132.850	136.550	136.870
50	0.508	145.120	147.610	151.730	152.080

在测量公法线长度时，要注意以下几点。

① 要使量具的量爪与齿轮的两个渐开线齿面相切在分度圆附近（全齿高的中部）。在跨齿测量时，要检查是否切于分度圆附近。如果切点偏于顶圆，那么可将跨齿数减少，直至切于分度圆附近；如果切点偏于根圆，那么可将跨齿数增多，直至切于分度圆附近。

② 要尽可能用精度高的量具，最好用公法线千分尺，如果没有，那么至少要用 0.02 mm 精度的游标卡尺。

③ 因为齿轮有公法线长度变动量，所以必须在同一位置测量公法线长度 w_k、w_{k+1}，并且多选几个位置进行这样的测量，取所得基圆齿距中出现次数最多的数值。

有时由于齿轮加工过程有误差或长期使用导致了齿轮磨损，因而用查表法不易确定模数和压力角，或者手头没有基圆齿距表，这时可以利用计算法。

$$k=\frac{\alpha}{180°}z+0.5$$

$$m=\frac{w_{k+1}-w_k}{\pi\cos\alpha}$$

$$\operatorname{inv}\alpha=\left[\frac{w_k}{p_b}-(k-0.5)\right]\frac{\pi}{z}$$

分别将 $\alpha=15°$ 和 $\alpha=20°$ 代入并求出两个模数值，其中模数值最接近于标准值的一组 m 和 α 为被测齿轮的模数和压力角。$\operatorname{inv}\alpha$ 为渐开线函数，由上述公式计算得到 $\operatorname{inv}\alpha$ 值，查渐开线函数表（参见《机械原理》）确定对应的压力角 α。

如果计算出的模数值并不接近于标准值，那么可以将模数换算为径节来核准。

利用计算法计算时须注意：由于工程使用中为保证齿轮有齿侧间隙，因而公法线长度都减少 0.08～0.25 mm，同时考虑到使用中有磨损，所以按实测的公法线长度计算出的压力角一般偏小，因此为使计算准确，必须将实测的公法线长度加上 0.1～0.2 mm 的减薄量（或估出齿轮精度，通过查公差表来确定）后代入公式计算。

方法二：通过测量齿顶圆直径 d_a 来求模数 m（或径节 P）

在数出齿数 z 后，用游标卡尺测量齿顶圆直径 d_a（mm）。

如果被测齿轮是模数制标准齿形的齿轮（$h_a^*=1$），那么它的模数

$$m=\frac{d_a}{z+2}$$

如果被测齿轮是模数制短齿齿形的齿轮（$h_a^* = 0.8$），那么它的模数

$$m = \frac{d_a}{z + 1.6}$$

若通过上述公式求得的 m 值与国家标准值相差很大，则被测齿轮有可能是径节制齿轮。如果被测齿轮是径节制标准齿形的齿轮，那么它的径节

$$P = \frac{25.4(z + 2)}{d_a}$$

如果被测齿轮是径节制短齿齿形的齿轮，那么它的径节

$$P = \frac{25.4(z + 1.6)}{d_a}$$

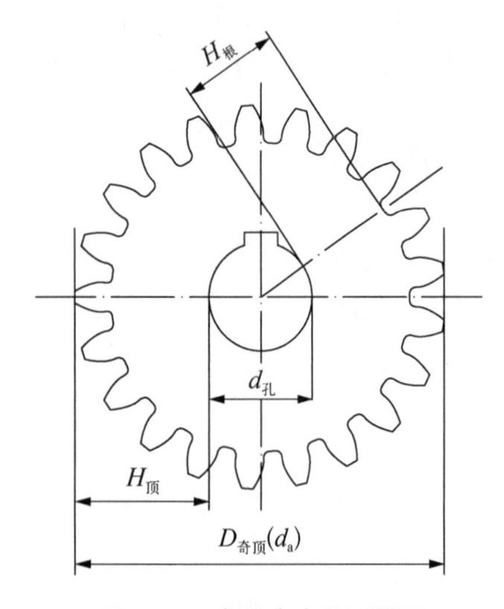

图 4－2　奇数齿齿轮测量图

测量 d_a 时要注意，只有当齿数 z 是偶数时才能直接测量。如果是带中心孔的奇数齿齿轮（图 4－2），那么可以测量内孔直径 $d_{孔}$ 和孔壁与齿顶之间的距离 $H_{顶}$，其齿顶圆直径的计算公式如下：

$$d_a = d_{孔} + 2H_{顶}$$

这是由于当齿数 z 是奇数时，直接测得的尺寸不是齿顶圆直径 d_a，而是一个齿的齿顶到对面齿槽两齿面与齿顶圆的交点的距离。显然这个距离比 d_a 要小，通常将这个距离 $D_{奇顶}$ 乘校正系数 $K_{校}$ 得到 d_a（近似值），即

$$d_a = K_{校} D_{奇顶}$$

校正系数 $K_{校}$ 可由表 4－4 查得。

表 4－4　奇数齿齿轮齿顶圆直径校正系数表

z	$K_{校}$	z	$K_{校}$	z	$K_{校}$	z	$K_{校}$	z	$K_{校}$
5	1.051 5	15	1.005 5	25	1.002 0	35	1.001 0	49～51	1.000 5
7	10 257	17	1.004 3	27	1.001 7	37	1.000 9	53～57	1.000 4
9	1.015 4	19	1.003 4	29	1.001 5	39	1.000 8	59～67	1.000 3
11	1.010 3	21	1.002 8	31	1.001 3	41～43	1.000 7	69～85	1.000 2
13	1.007 3	23	1.002 3	33	1.001 1	45～47	1.000 6	87～99	1.000 1

方法三：通过测量全齿高 h 来求模数 m（或径节 P）

当被测齿轮的模数较大，或者因折齿而不易测量齿顶圆直径时，可以通过测量全齿高 h（mm）来确定模数（或径节）。在求出全齿高后，就可以按下列公式计算模数：

若被测齿轮为标准齿形的齿轮，则 $m=h/2.25$；

若被测齿轮为短齿齿形的齿轮，则 $m=h/1.9$。

如果计算结果与国家标准值相差较大，那么被测齿轮有可能是径节制齿轮，其径节

$$P=\frac{25.4(2h_a^*+C^*)}{h}$$

当 $\alpha=20°$ 时，对于标准齿形的齿轮，$h_a^*=1$，$C^*=0.25$；对于短齿齿形的齿轮，$h_a^*=0.8$，$C^*=0.3$。

方法四：通过测量中心距 a 来求模数 m（或径节 P）

如果齿轮磨损严重，牙齿变尖或折断、弯曲严重，以至于无法测量齿顶圆直径，那么可以测量中心距 a（mm），并数出这对齿轮的齿数 z_1、z_2，按下列公式计算模数（外啮合时）或径节：

$$m=\frac{2a}{z_1+z_2}$$

$$P=\frac{25.4(z_1+z_2)}{2a}$$

3. 确定齿顶高系数 h_a^* 和径向间隙系数 C^*

当被测齿轮的齿数为偶数（图 4－3）时，可用游标卡尺直接测得齿顶圆直径 d_a 和齿根圆直径 d_f。当被测齿轮的齿数为奇数（图 4－2）时，应先测量齿轮轴孔直径 $d_孔$，再测量轴孔到齿顶的距离 $H_顶$ 和轴孔到齿根的距离 $H_根$，其齿顶圆直径 d_a 和齿根圆直径 d_f 的计算公式如下：

$$d_a=d_孔+2H_顶$$

$$d_f=d_孔+2H_根$$

因为

$$d_a=mz+2h_a^*m+2xm$$

$$h=2h_a^*m+C^*m$$

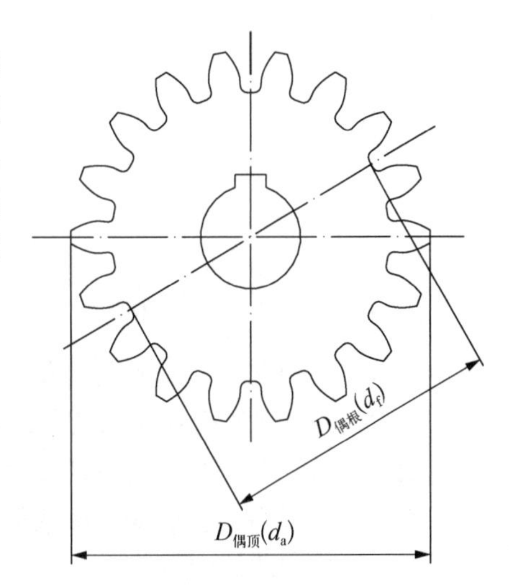

图 4－3　偶数齿齿轮测量图

所以推导出

$$h_a^*=\frac{1}{2}\left(\frac{d_a}{m}-z\right)$$

$$C^*=\frac{h}{m}-2h_a^*$$

若求出的 h_a^* 不接近于 1，则有可能是变位齿轮。如果 h_a^* 接近于 0.8，还有可能是短齿齿形。当然要注意 h_a^* 接近于 1 的情况，也有可能是短齿变位齿轮。因此，要结合变位齿轮的概念进行综合判定。

4. 确定变位系数 x

(1) 判别单个齿轮的变位形式

在通过测量公法线长度来求基圆齿距的过程中，我们可以将实测的公法线长度与标准齿

轮的公法线长度相比较来加以判定。若 $w_{k实测} > w_{k标准}$，则该齿轮为正变位齿轮；若 $w_{k实测} < w_{k标准}$，则该齿轮为负变位齿轮。这里要注意，在测量实际公法线长度时，须加上 0.1～0.2 mm的减薄量。

因相同齿数、模数、压力角的变位齿轮和标准齿轮的齿形都是在同一个基圆上形成的渐开线组成的，故齿轮各部分尺寸的计算还是以模数和压力角为依据。因此在测量变位齿轮时，还是要以渐开线齿轮啮合原理作为分析问题的基础，并且首先确定它的模数和压力角。如前面所述，用测量基圆齿距来确定模数和压力角的方法不受变位系数的影响。

要确定被测齿轮是标准齿轮还是变位齿轮，就要确定该齿轮的变位系数。因此，应将测得的数据代入下列公式并计算出基圆齿厚 s_b：

$$s_b = w_{k+1} - kp_b = w_{k+1} - k(w_{k+1} - w_k) = kw_k - (k-1)w_{k+1}$$

在得到 s_b 后，可利用基圆齿厚公式推导出变位系数 x。因为

$$\begin{aligned} s_b & - \frac{r_b}{r}s - 2r_b(\operatorname{inv}\alpha_b - \operatorname{inv}\alpha) \\ & = r\cos\alpha\left[\frac{m(0.5\pi + 2x\tan\alpha)}{r} + 2\operatorname{inv}\alpha\right] \\ & = \left(\frac{\pi}{2} + 2x\tan\alpha\right)m\cos\alpha + mz\cos\alpha\operatorname{inv}\alpha \end{aligned}$$

所以

$$x = \frac{\dfrac{s_b}{m\cos\alpha} - \dfrac{\pi}{2} - z\operatorname{inv}\alpha}{2\tan\alpha} = \frac{\dfrac{kw_k - (k-1)w_{k+1}}{m\cos\alpha} - \dfrac{\pi}{2} - z\operatorname{inv}\alpha}{2\tan\alpha}$$

式中　$\operatorname{inv}\alpha = \tan\alpha - \alpha$，$\alpha$ 的单位为 rad。

(2) 判别一对啮合齿轮的变位形式

由渐开线齿轮啮合原理可知，一对变位齿轮可组成高度变位和角度变位这两种变位形式。判别一对啮合齿轮的变位形式的分析方法如下。

① 对比中心距

首先按下式计算这对齿轮的标准中心距 a（外啮合时）：

$$a = \frac{m}{2}(z_1 + z_2)$$

然后测量其实际中心距 $a_实$。如果计算出的标准中心距和实际中心距相同（很接近），即 $a_实 = a$（$a_实 \approx a$），那么这对齿轮是高度变位齿轮；如果计算出的标准中心距和实际中心距不同（相差很大），即 $a_实 \neq a$（$a_实 \gg a$ 或 $a_实 \ll a$），那么这对齿轮是角度变位齿轮。

② 对比啮合角

如果这对齿轮啮合时不便于测出中心距，还可以测量这对齿轮的实际公法线长度 w_{k_1}、w_{k_2}（注意：为使计算准确，须加上 0.1～0.2 mm 的减薄量），接着按下式计算其实际啮合角 α'：

$$\operatorname{inv}\alpha'=\frac{\pi}{z_1+z_2}\left[\frac{w_{k_1}+w_{k_2}}{p_b}+(k_1+k_2-1)\right]$$

查渐开线函数表，求出啮合角 α'，与已确定的分度圆上压力角 α 做比较，如果相同(很接近)，就是高度变位齿轮，如果不同(相差较大)，就是角度变位齿轮。

③ 确定变位系数

由变位齿轮的原理可知，变位齿轮的公法线长度、齿顶圆直径都随着它的变位系数改变而改变，因此可通过测量公法线长度或齿顶圆直径来求变位系数。

如果齿面磨损严重，就可以通过测量齿顶圆直径 d_a 来求变位系数 x。这里介绍利用齿顶圆直径求变位系数的方法。

a. 当判定这对齿轮是高度变位齿轮时，变位系数为

$$x=\frac{d_a}{2m}-\frac{z}{2}-h_a^* \text{ 且 } x_1=-x_2$$

或

$$x_1=\frac{1}{4}\left(\frac{d_{a_1}-d_{a_2}}{m}-z_1+z_2\right)\text{且 } x_2=-x_1$$

b. 当判定这对齿轮是角度变位齿轮时，必须先确定齿高变动系数 Δy ①。当压力角 $\alpha=20°$ 时，可利用表 4－5 确定齿顶高缩短系数 σ。为此要先计算标准中心距和测量实际中心距，再按下式计算系数 λ_0：

$$\lambda_0=\frac{a_{实}}{a}-1$$

通过表 4－5 查得相应的 σ_0 值，按下式求齿顶高缩短系数 σ：

$$\sigma=\frac{z_1+z_2}{2}\sigma_0$$

在求出 σ 后，可按下式确定变位系数 x：

$$x=\frac{d_a}{2m}-\frac{z}{2}-h_a^*+\sigma$$

c. 通过总变位系数求各齿轮变位系数

---

① 以下内容是独立的，需要结合教材进行理解。

$$y=\frac{z_\Sigma}{2}\left(\frac{\cos\alpha}{\cos\alpha'}-1\right)$$

式中 y ——中心距变动系数；
z_Σ——齿数之和。

$$\Delta y=x_\Sigma-y$$

式中 Δy ——齿高变动系数；
x_Σ——变位系数之和。

表 4-5　变位齿轮的 λ_0、x_0、σ_0 和啮合角

分	16°			17°			18°			19°		
	λ_0	x_0	σ_0	λ_0	x_0	σ_0	λ_0	x_0	σ_0	λ_0	x_0	σ_0
0	−0.022 44	−0.020 36	0.002 08	−0.017 37	−0.016 15	0.001 22	−0.011 95	−0.011 39	0.000 56	−0.006 16	−0.006 01	0.000 15
1	−0.022 66	−0.020 30	0.002 06	−0.017 28	−0.016 08	0.001 20	−0.011 86	−0.011 30	0.000 55	−0.006 06	−0.005 92	0.000 14
2	−0.022 27	−0.020 23	0.002 04	−0.017 20	−0.016 00	0.001 19	−0.011 76	−0.011 22	0.000 54	−0.005 96	−0.005 82	0.000 14
3	−0.022 19	−0.020 16	0.002 03	−0.017 11	−0.015 93	0.001 18	−0.011 67	−0.011 13	0.000 54	−0.005 86	−0.005 73	0.000 13
4	−0.022 11	−0.020 10	0.002 01	−0.017 02	−0.015 85	0.001 17	−0.011 57	−0.011 04	0.000 53	−0.005 76	−0.005 63	0.000 13
5	−0.022 03	−0.020 03	0.002 00	−0.016 93	−0.015 78	0.001 16	−0.011 48	−0.010 96	0.000 52	−0.005 66	−0.005 54	0.000 12
6	−0.021 95	−0.019 97	0.001 98	−0.016 85	−0.015 70	0.001 15	−0.011 39	−0.010 87	0.000 52	−0.005 56	−0.005 44	0.000 12
7	−0.021 86	−0.019 90	0.001 96	−0.016 76	−0.015 63	0.001 13	−0.011 29	−0.010 79	0.000 51	−0.005 46	−0.005 35	0.000 11
8	−0.021 78	−0.019 83	0.001 95	−0.016 67	−0.015 55	0.001 12	−0.011 20	−0.010 70	0.000 50	−0.005 36	−0.005 25	0.000 11
9	−0.021 70	−0.019 77	0.001 93	−0.016 58	−0.015 47	0.001 11	−0.011 10	−0.010 62	0.000 49	−0.005 26	−0.005 15	0.000 11
10	−0.021 62	−0.019 70	0.001 92	−0.016 49	−0.015 40	0.001 09	−0.011 01	−0.010 53	0.000 48	−0.005 16	−0.005 06	0.000 10
11	−0.021 54	−0.019 63	0.001 91	−0.016 40	−0.015 32	0.001 08	−0.010 92	−0.010 45	0.000 47	−0.005 06	−0.004 96	0.000 10
12	−0.021 45	−0.019 56	0.001 89	−0.016 32	−0.015 25	0.001 07	−0.010 82	−0.010 36	0.000 46	−0.004 96	−0.000 10	0.000 10
13	−0.021 37	−0.019 50	0.001 87	−0.016 23	−0.015 17	0.001 06	−0.010 73	−0.010 27	0.000 45	−0.004 86	−0.004 77	0.000 09
14	−0.021 29	−0.019 43	0.001 86	−0.016 14	−0.015 19	0.001 05	−0.010 63	−0.010 19	0.000 44	−0.004 76	−0.004 67	0.000 09

续 表

分	16°			17°			18°			19°		
	λ_0	x_0	σ_0	λ_0	x_0	σ_0	λ_0	x_0	σ_0	λ_0	x_0	σ_0
15	−0.021 20	−0.019 36	0.001 84	−0.016 05	−0.015 12	0.001 03	−0.010 54	−0.010 10	0.000 44	−0.004 66	−0.004 57	0.000 09
16	−0.021 12	−0.019 29	0.001 83	−0.015 96	−0.014 94	0.001 02	−0.010 44	−0.010 01	0.000 43	−0.004 56	−0.004 48	0.000 08
17	−0.021 04	−0.019 22	0.001 82	−0.015 87	−0.014 86	0.001 01	−0.010 35	−0.009 93	0.000 42	−0.004 45	−0.004 38	0.000 07
18	−0.020 95	−0.019 16	0.001 79	−0.015 78	−0.014 78	0.001 00	−0.010 25	−0.009 84	0.000 41	−0.004 35	−0.004 28	0.000 07
19	−0.020 87	−0.019 09	0.001 78	−0.015 69	−0.014 70	0.000 99	−0.010 16	−0.009 75	0.000 41	−0.004 25	−0.004 18	0.000 07
20	−0.020 79	−0.019 02	0.001 77	−0.015 60	−0.014 63	0.000 97	−0.010 06	−0.009 66	−0.000 40	−0.004 15	−0.004 08	0.000 07
21	−0.020 70	−0.018 95	0.001 75	−0.015 51	−0.014 55	0.000 96	−0.009 97	−0.009 58	0.000 39	−0.004 05	−0.003 98	0.000 07
22	−0.020 62	−0.018 88	0.001 74	−0.015 42	−0.014 47	0.000 95	−0.009 87	−0.009 49	0.000 38	−0.003 95	−0.003 89	0.000 06
23	−0.020 54	−0.018 81	0.001 73	−0.015 33	−0.014 39	0.000 94	−0.009 77	−0.009 40	0.000 37	−0.003 84	−0.003 79	0.000 05
24	−0.020 45	−0.018 74	0.001 71	−0.015 25	−0.014 31	0.000 93	−0.009 68	−0.009 31	0.000 37	−0.003 74	−0.003 69	0.000 05
25	−0.020 37	−0.018 67	0.001 70	−0.015 16	−0.014 24	0.000 92	−0.009 58	−0.009 22	0.000 36	−0.003 64	−0.003 59	0.000 05
26	−0.020 29	−0.018 60	0.001 69	−0.015 07	−0.014 16	0.000 91	−0.009 49	−0.009 13	0.000 36	−0.003 54	−0.003 49	0.000 05
27	−0.020 20	−0.018 53	0.001 67	−0.014 98	−0.014 08	0.000 90	−0.009 39	−0.009 04	0.000 35	−0.003 44	−0.003 39	0.000 05
28	−0.020 12	−0.018 47	0.001 65	−0.014 89	−0.014 00	0.000 89	−0.009 29	−0.008 96	0.000 34	−0.003 33	−0.003 29	0.000 04
29	−0.020 03	−0.018 39	0.001 64	−0.014 79	−0.013 92	0.000 87	−0.009 20	−0.008 87	0.000 33	−0.003 23	−0.003 19	0.000 04

续 表

分	16°			17°			18°			19°		
	λ_0	x_0	σ_0	λ_0	x_0	σ_0	λ_0	x_0	σ_0	λ_0	x_0	σ_0
30	−0.019 95	−0.018 33	0.001 62	−0.014 71	−0.013 84	0.000 86	−0.009 10	−0.008 78	0.000 32	−0.003 13	−0.003 09	0.000 04
31	−0.019 86	−0.018 25	0.001 61	−0.014 61	−0.013 76	0.000 85	−0.009 00	−0.008 69	0.000 31	−0.003 03	−0.002 99	0.000 04
32	−0.019 78	−0.018 19	0.001 59	−0.014 52	−0.013 68	0.000 84	−0.008 91	−0.008 60	0.000 31	−0.002 92	−0.002 89	0.000 04
33	−0.019 70	−0.018 11	0.001 58	−0.014 43	−0.013 60	0.000 83	−0.008 81	−0.008 51	0.000 30	−0.002 82	−0.002 79	0.000 03
34	−0.019 61	−0.018 04	0.001 57	−0.014 34	−0.013 52	0.000 82	−0.008 72	−0.008 42	0.000 30	−0.002 72	−0.002 69	0.000 03
35	−0.019 53	−0.017 97	0.001 56	−0.014 25	−0.013 44	0.000 81	−0.008 62	−0.008 33	0.000 29	−0.002 61	−0.002 59	0.000 02
36	−0.019 44	−0.017 90	0.001 54	−0.014 16	−0.013 36	0.000 80	−0.008 52	−0.008 24	0.000 28	−0.002 51	−0.002 49	0.000 02
37	−0.019 35	−0.017 83	0.001 52	−0.014 07	−0.013 28	0.000 79	−0.008 42	−0.008 15	0.000 27	−0.002 41	−0.002 38	0.000 02
38	−0.019 27	−0.017 76	0.001 51	−0.013 98	−0.013 20	0.000 78	−0.008 33	−0.008 06	0.000 27	−0.002 30	−0.002 28	0.000 02
39	−0.019 18	−0.017 69	0.001 49	−0.013 89	−0.013 12	0.000 77	−0.008 23	−0.007 97	0.000 26	−0.002 20	−0.002 18	0.000 02
40	−0.019 10	−0.017 62	0.001 48	−0.013 80	−0.012 04	0.000 76	−0.008 13	−0.007 87	0.000 25	−0.002 10	−0.002 08	0.000 02
41	−0.019 01	−0.017 55	0.001 46	−0.013 70	−0.012 96	0.000 74	−0.008 03	−0.007 78	0.000 25	−0.001 99	−0.001 98	0.000 01
42	−0.018 93	−0.017 47	0.001 45	−0.013 61	−0.012 88	0.000 73	−0.007 94	−0.007 69	0.000 25	−0.001 89	−0.001 87	0.000 01
43	−0.018 84	−0.017 40	0.001 44	−0.013 52	−0.012 80	0.000 72	−0.007 84	−0.007 60	0.000 24	−0.001 78	−0.001 77	0.000 01
44	−0.018 76	−0.017 33	0.001 43	−0.013 43	−0.012 71	0.000 72	−0.007 44	−0.007 51	0.000 23	−0.001 68	−0.001 67	0.000 01

续 表

分	16°			17°			18°			19°		
	λ_0	x_0	σ_0	λ_0	x_0	σ_0	λ_0	x_0	σ_0	λ_0	x_0	σ_0
45	−0.018 67	−0.017 26	0.001 41	−0.013 34	−0.012 63	0.000 71	−0.007 64	−0.007 42	0.000 22	−0.001 58	−0.001 57	0.000 01
46	−0.018 58	−0.017 18	0.001 40	−0.013 25	−0.012 55	0.000 70	−0.007 55	−0.007 32	0.000 22	−0.001 47	−0.001 46	0.000 11
47	−0.018 50	−0.017 11	0.001 39	−0.013 15	−0.012 47	0.000 68	−0.007 45	−0.007 23	0.000 22	−0.001 37	−0.001 36	0.000 01
48	−0.018 41	−0.017 04	0.001 37	−0.013 06	−0.012 39	0.000 67	−0.007 35	−0.007 14	0.000 21	−0.001 26	−0.001 26	0.000 00
49	−0.018 33	−0.016 97	0.001 36	−0.012 97	−0.012 30	0.000 67	−0.007 25	−0.007 04	0.000 21	−0.001 16	−0.001 15	0.000 00
50	−0.018 24	−0.016 89	0.001 35	−0.012 88	−0.012 22	0.000 66	−0.007 15	−0.006 95	0.000 20	−0.001 05	−0.001 05	0.000 00
51	−0.018 15	−0.016 82	0.001 33	−0.012 78	−0.012 14	0.000 65	−0.007 05	−0.006 86	0.000 20	−0.000 95	−0.000 95	0.000 00
52	−0.018 07	−0.016 75	0.001 32	−0.012 69	−0.012 05	0.000 64	−0.006 96	−0.006 77	0.000 19	−0.000 84	−0.000 84	0.000 00
53	−0.017 98	−0.016 67	0.001 31	−0.012 60	−0.011 97	0.000 63	−0.006 86	−0.006 67	0.000 19	−0.000 74	−0.000 74	0.000 00
54	−0.017 89	−0.016 60	0.001 29	−0.012 51	−0.011 89	0.000 62	−0.006 76	−0.006 58	0.000 18	−0.000 63	−0.000 63	0.000 00
55	−0.017 81	−0.016 53	0.001 28	−0.012 41	−0.011 80	0.000 61	−0.006 66	−0.006 49	0.000 17	−0.000 53	−0.000 52	0.000 00
56	−0.017 72	−0.016 45	0.001 27	−0.012 32	−0.011 72	0.000 60	−0.006 56	−0.006 39	0.000 17	−0.000 42	−0.000 42	0.000 00
57	−0.017 63	−0.016 38	0.001 25	−0.012 23	−0.011 64	0.000 59	−0.006 46	−0.006 30	0.000 16	−0.000 32	−0.000 32	0.000 00
58	−0.017 55	−0.016 30	0.001 24	−0.012 14	−0.011 55	0.000 58	−0.006 36	−0.006 20	0.000 16	−0.000 21	−0.000 21	0.000 00
59	−0.017 46	−0.016 23	0.001 23	−0.012 04	−0.011 47	0.000 57	−0.006 26	−0.006 11	0.000 15	−0.000 11	−0.000 10	0.000 00
60	−0.017 37	−0.016 15	0.001 22	−0.011 95	−0.011 39	0.000 56	−0.006 16	−0.006 01	0.000 15	−0.000 00	−0.000 00	0.000 00

续 表

分	20°			21°			22°			23°		
	λ_0	x_0	σ_0	λ_0	x_0	σ_0	λ_0	x_0	σ_0	λ_0	x_0	σ_0
0	0.000 00	0.000 00	0.000 00	0.006 55	0.006 71	0.000 16	0.013 49	0.014 15	0.000 66	0.020 85	0.022 38	0.001 53
1	0.000 11	0.000 11	0.000 00	0.006 66	0.006 83	0.000 17	0.013 61	0.014 28	0.000 67	0.020 97	0.022 52	0.001 55
2	0.000 21	0.000 21	0.000 00	0.006 77	0.006 94	0.000 17	0.013 73	0.014 41	0.000 68	0.021 10	0.022 67	0.001 57
3	0.000 32	0.000 32	0.000 00	0.006 89	0.007 66	0.000 17	0.013 85	0.014 54	0.000 69	0.021 22	0.022 81	0.001 59
4	0.000 42	0.000 43	0.000 00	0.007 00	0.007 18	0.000 18	0.013 97	0.014 67	0.000 70	0.021 35	0.022 96	0.001 61
5	0.000 53	0.000 53	0.000 00	0.007 11	0.007 30	0.000 19	0.014 09	0.014 80	0.000 71	0.021 48	0.023 10	0.001 62
6	0.000 64	0.000 64	0.000 00	0.007 22	0.007 42	0.000 20	0.014 21	0.014 94	0.000 73	0.021 60	0.023 25	0.001 65
7	0.000 75	0.000 75	0.000 00	0.007 34	0.007 54	0.000 20	0.014 33	0.015 07	0.000 74	0.021 73	0.023 39	0.001 66
8	0.000 85	0.000 86	0.000 00	0.007 45	0.007 66	0.000 21	0.014 45	0.015 20	0.000 75	0.021 86	0.023 54	0.001 68
9	0.000 96	0.000 96	0.000 00	0.007 56	0.007 78	0.000 22	0.014 57	0.015 33	0.000 76	0.021 98	0.023 68	0.001 70
10	0.001 06	0.001 07	0.000 01	0.007 68	0.007 89	0.000 22	0.014 69	0.015 47	0.000 78	0.022 11	0.023 83	0.001 72
11	0.001 17	0.001 18	0.000 01	0.007 79	0.008 01	0.000 23	0.014 81	0.015 60	0.000 79	0.022 24	0.023 98	0.001 74
12	0.001 28	0.001 29	0.000 01	0.007 90	0.008 14	0.000 23	0.014 93	0.015 73	0.000 80	0.022 37	0.024 12	0.001 75
13	0.001 39	0.001 39	0.000 01	0.008 02	0.008 25	0.000 24	0.015 05	0.015 86	0.000 81	0.022 49	0.024 27	0.001 78
14	0.001 49	0.001 50	0.000 01	0.008 13	0.008 37	0.000 24	0.015 17	0.016 00	0.000 83	0.022 62	0.024 42	0.001 80

续 表

分	20°			21°			22°			23°		
	λ_0	x_0	σ_0	λ_0	x_0	σ_0	λ_0	x_0	σ_0	λ_0	x_0	σ_0
15	0.001 60	0.001 61	0.000 01	0.008 25	0.008 50	0.000 25	0.015 29	0.016 13	0.000 84	0.022 75	0.024 57	0.001 82
16	0.001 71	0.001 72	0.000 01	0.008 36	0.008 62	0.000 26	0.015 41	0.016 27	0.000 86	0.022 88	0.024 71	0.001 83
17	0.001 82	0.001 83	0.000 01	0.008 47	0.008 74	0.000 27	0.015 53	0.016 40	0.000 87	0.023 01	0.024 86	0.001 85
18	0.001 92	0.001 94	0.000 02	0.008 59	0.008 86	0.000 27	0.015 65	0.016 53	0.000 88	0.023 13	0.025 01	0.001 88
19	0.002 03	0.002 05	0.000 02	0.008 70	0.008 98	0.000 28	0.015 78	0.016 67	0.000 89	0.023 36	0.025 16	0.001 90
20	0.002 14	0.002 16	0.000 02	0.008 82	0.009 10	0.000 29	0.015 90	0.016 80	0.000 90	0.023 39	0.025 30	0.001 91
21	0.002 25	0.002 27	0.000 02	0.008 93	0.009 23	0.000 30	0.016 02	0.016 94	0.000 92	0.023 52	0.025 46	0.001 94
22	0.002 36	0.002 38	0.000 02	0.009 05	0.009 35	0.000 30	0.016 14	0.017 07	0.000 93	0.023 65	0.025 60	0.001 95
23	0.002 46	0.002 49	0.000 03	0.009 16	0.009 47	0.000 31	0.016 26	0.017 21	0.000 95	0.023 76	0.025 75	0.001 97
24	0.002 57	0.002 60	0.000 03	0.009 28	0.009 59	0.000 32	0.016 38	0.017 35	0.000 97	0.023 90	0.025 90	0.002 00
25	0.002 68	0.002 71	0.000 03	0.009 39	0.009 72	0.000 33	0.016 51	0.017 48	0.000 98	0.024 03	0.026 05	0.002 02
26	0.002 79	0.002 82	0.000 03	0.009 51	0.009 84	0.000 33	0.016 63	0.017 62	0.000 99	0.024 16	0.026 20	0.002 04
27	0.002 90	0.002 93	0.000 03	0.009 62	0.009 96	0.000 34	0.016 75	0.017 75	0.001 00	0.024 29	0.026 35	0.002 06
28	0.003 01	0.003 04	0.000 03	0.009 74	0.010 09	0.000 35	0.016 87	0.017 89	0.001 02	0.024 42	0.026 50	0.002 08
29	0.003 12	0.003 15	0.000 03	0.009 85	0.010 21	0.000 36	0.016 99	0.018 03	0.001 04	0.024 55	0.026 65	0.002 10

续 表

分	20°			21°			22°			23°		
	λ_0	x_0	σ_0	λ_0	x_0	σ_0	λ_0	x_0	σ_0	λ_0	x_0	σ_0
30	0.003 23	0.003 26	0.000 03	0.009 97	0.010 33	0.000 36	0.017 12	0.018 16	0.001 05	0.024 68	0.026 81	0.002 13
31	0.003 34	0.003 38	0.000 04	0.010 09	0.010 46	0.000 37	0.017 24	0.018 30	0.001 06	0.024 81	0.026 96	0.002 15
32	0.003 44	0.003 49	0.000 05	0.010 20	0.010 58	0.000 38	0.017 36	0.018 44	0.001 08	0.024 94	0.027 11	0.002 17
33	0.003 55	0.003 60	0.000 05	0.010 32	0.010 70	0.000 39	0.017 49	0.018 58	0.001 09	0.025 07	0.027 26	0.002 19
34	0.003 66	0.003 71	0.000 05	0.010 43	0.010 83	0.000 40	0.017 61	0.018 71	0.001 10	0.025 20	0.027 41	0.002 21
35	0.003 77	0.003 83	0.000 06	0.010 55	0.010 95	0.000 40	0.017 73	0.018 85	0.001 12	0.025 30	0.027 56	0.002 23
36	0.003 88	0.003 94	0.000 06	0.010 67	0.011 08	0.000 41	0.017 85	0.018 99	0.001 14	0.025 46	0.027 72	0.002 26
37	0.003 99	0.004 05	0.000 06	0.010 87	0.011 21	0.000 42	0.017 98	0.019 13	0.001 15	0.025 59	0.027 87	0.002 38
38	0.004 10	0.004 17	0.000 07	0.010 90	0.011 33	0.000 43	0.018 10	0.019 27	0.001 17	0.025 72	0.028 02	0.002 30
39	0.004 21	0.004 28	0.000 07	0.011 02	0.011 46	0.000 44	0.018 22	0.019 41	0.001 19	0.025 85	0.028 18	0.002 23
40	0.004 32	0.004 39	0.000 07	0.011 13	0.011 58	0.000 45	0.018 35	0.019 55	0.001 20	0.025 98	0.028 33	0.002 35
41	0.004 43	0.004 51	0.000 08	0.011 25	0.011 71	0.000 46	0.018 47	0.019 68	0.001 21	0.026 11	0.028 48	0.002 37
42	0.004 54	0.004 62	0.000 08	0.011 37	0.011 84	0.000 47	0.018 60	0.019 82	0.001 22	0.026 24	0.028 63	0.002 39
43	0.004 65	0.004 73	0.000 08	0.011 48	0.011 96	0.000 48	0.018 72	0.019 96	0.001 24	0.026 38	0.028 79	0.002 41
44	0.004 76	0.004 85	0.000 09	0.011 60	0.012 09	0.000 49	0.018 84	0.020 10	0.001 26	0.026 51	0.028 95	0.002 44

续　表

分	20°			21°			22°			23°		
	λ_0	x_0	σ_0	λ_0	x_0	σ_0	λ_0	x_0	σ_0	λ_0	x_0	σ_0
45	0.004 87	0.004 96	0.000 09	0.011 72	0.012 22	0.000 50	0.018 97	0.020 24	0.001 27	0.026 64	0.029 10	0.002 46
46	0.004 99	0.005 08	0.000 09	0.011 84	0.012 35	0.000 51	0.019 09	0.020 39	0.001 30	0.026 77	0.029 25	0.002 48
47	0.005 10	0.005 19	0.000 09	0.011 95	0.012 47	0.000 52	0.019 22	0.020 53	0.001 31	0.026 90	0.029 41	0.002 51
48	0.005 21	0.005 31	0.000 10	0.012 07	0.012 60	0.000 53	0.019 34	0.020 67	0.001 33	0.027 03	0.029 56	0.002 53
49	0.005 32	0.005 42	0.000 10	0.012 19	0.012 73	0.000 54	0.019 47	0.020 81	0.001 34	0.027 16	0.029 72	0.002 56
50	0.005 43	0.005 54	0.000 11	0.012 31	0.012 86	0.000 55	0.019 59	0.020 95	0.001 36	0.027 30	0.029 88	0.002 58
51	0.005 53	0.005 65	0.000 11	0.012 43	0.012 99	0.000 56	0.019 72	0.021 09	0.001 38	0.027 43	0.030 03	0.002 60
52	0.005 65	0.005 77	0.000 12	0.012 54	0.013 11	0.000 57	0.019 84	0.021 24	0.001 40	0.027 56	0.030 19	0.002 63
53	0.005 76	0.005 89	0.000 13	0.012 66	0.013 24	0.000 58	0.019 97	0.021 38	0.001 41	0.027 69	0.030 34	0.002 65
54	0.005 88	0.006 00	0.000 13	0.012 78	0.013 37	0.000 59	0.020 09	0.021 52	0.001 43	0.027 83	0.030 50	0.002 67
55	0.005 99	0.006 12	0.000 13	0.012 90	0.013 50	0.000 60	0.020 22	0.021 66	0.001 44	0.027 96	0.030 66	0.002 70
56	0.006 10	0.006 24	0.000 14	0.013 02	0.013 63	0.000 61	0.020 34	0.021 80	0.001 46	0.028 09	0.030 82	0.002 73
57	0.006 21	0.006 36	0.000 15	0.013 14	0.013 76	0.000 62	0.020 47	0.021 95	0.001 48	0.028 22	0.030 97	0.002 75
58	0.006 32	0.006 47	0.000 15	0.013 25	0.013 89	0.000 64	0.020 59	0.022 09	0.001 50	0.028 36	0.031 13	0.002 77
59	0.006 44	0.006 59	0.000 15	0.013 37	0.014 02	0.000 65	0.020 72	0.022 24	0.001 52	0.028 49	0.031 29	0.002 80
60	0.006 55	0.006 71	0.000 16	0.013 49	0.014 15	0.000 66	0.020 85	0.022 38	0.001 53	0.028 62	0.031 45	0.002 83

续　表

分	24°			25°			26°			27°		
	λ_0	x_0	σ_0	λ_0	x_0	σ_0	λ_0	x_0	σ_0	λ_0	x_0	σ_0
0	0.028 62	0.031 45	0.002 83	0.036 84	0.041 41	0.004 57	0.045 50	0.052 32	0.006 82	0.054 64	0.064 24	0.009 60
1	0.028 76	0.031 60	0.002 85	0.036 98	0.041 58	0.004 60	0.045 65	0.052 51	0.006 86	0.054 80	0.064 45	0.009 65
2	0.028 99	0.031 76	0.002 87	0.037 12	0.041 76	0.004 64	0.045 80	0.052 70	0.006 90	0.054 96	0.064 66	0.009 70
3	0.029 02	0.031 92	0.002 90	0.037 26	0.041 93	0.004 67	0.045 95	0.052 89	0.006 94	0.055 11	0.064 87	0.009 76
4	0.029 16	0.032 08	0.002 92	0.037 40	0.042 11	0.004 71	0.046 10	0.053 08	0.006 98	0.055 27	0.065 08	0.009 81
5	0.029 29	0.032 24	0.002 95	0.037 54	0.042 28	0.004 74	0.046 25	0.053 27	0.007 02	0.055 43	0.065 29	0.009 87
6	0.029 42	0.032 40	0.002 98	0.037 68	0.042 46	0.004 78	0.046 40	0.053 47	0.007 07	0.055 58	0.065 49	0.009 91
7	0.029 56	0.032 56	0.003 00	0.037 82	0.042 63	0.004 81	0.046 55	0.053 66	0.007 11	0.055 74	0.065 70	0.009 96
8	0.029 69	0.032 72	0.003 03	0.037 97	0.042 81	0.004 84	0.046 70	0.053 85	0.007 15	0.055 90	0.065 91	0.010 01
9	0.029 83	0.032 88	0.003 05	0.038 11	0.042 98	0.004 87	0.046 85	0.054 04	0.007 19	0.056 05	0.066 12	0.010 07
10	0.029 96	0.033 04	0.003 08	0.038 25	0.043 16	0.004 91	0.046 99	0.054 24	0.007 25	0.056 21	0.066 33	0.010 12
11	0.030 10	0.033 20	0.003 10	0.038 39	0.043 34	0.004 95	0.047 14	0.054 43	0.007 29	0.056 37	0.066 54	0.010 17
12	0.030 23	0.033 37	0.003 14	0.038 53	0.043 51	0.004 98	0.047 29	0.054 62	0.007 33	0.056 53	0.066 76	0.010 23
13	0.030 36	0.033 53	0.003 17	0.038 68	0.043 69	0.005 01	0.047 44	0.054 82	0.007 38	0.056 69	0.066 97	0.010 28
14	0.030 50	0.033 69	0.003 19	0.038 82	0.043 87	0.005 05	0.047 59	0.055 01	0.007 42	0.056 84	0.067 18	0.010 34

续 表

分	24°			25°			26°			27°		
	λ_0	x_0	σ_0	λ_0	x_0	σ_0	λ_0	x_0	σ_0	λ_0	x_0	σ_0
15	0.030 63	0.033 85	0.003 21	0.038 96	0.044 05	0.005 09	0.047 74	0.055 21	0.007 47	0.057 00	0.067 39	0.010 39
16	0.030 77	0.034 01	0.003 24	0.039 10	0.044 22	0.005 12	0.047 89	0.055 40	0.007 51	0.057 16	0.067 60	0.010 44
17	0.030 90	0.034 18	0.003 28	0.039 25	0.044 40	0.005 15	0.048 05	0.055 59	0.007 54	0.057 32	0.067 81	0.010 49
18	0.031 04	0.034 34	0.003 30	0.039 39	0.044 58	0.005 19	0.048 20	0.055 79	0.007 59	0.057 48	0.068 03	0.010 55
19	0.031 18	0.034 50	0.003 32	0.039 53	0.044 76	0.005 23	0.048 35	0.055 98	0.007 63	0.057 64	0.068 24	0.010 60
20	0.031 31	0.034 67	0.003 26	0.039 67	0.044 94	0.005 27	0.048 50	0.056 18	0.007 68	0.057 80	0.068 45	0.010 65
21	0.031 45	0.034 83	0.003 28	0.039 82	0.045 12	0.005 30	0.048 65	0.056 38	0.007 73	0.057 95	0.068 67	0.010 72
22	0.031 58	0.034 99	0.003 31	0.039 96	0.045 30	0.005 34	0.048 80	0.056 57	0.007 77	0.058 11	0.068 88	0.010 77
23	0.031 72	0.035 16	0.003 34	0.040 11	0.045 48	0.005 37	0.048 95	0.056 77	0.007 82	0.058 27	0.069 09	0.010 82
24	0.031 85	0.035 32	0.003 37	0.040 25	0.045 66	0.005 41	0.049 10	0.056 96	0.007 86	0.058 43	0.069 31	0.010 88
25	0.031 99	0.035 49	0.003 40	0.040 39	0.045 84	0.005 45	0.049 25	0.057 16	0.007 91	0.058 59	0.069 53	0.010 94
26	0.032 13	0.035 65	0.003 42	0.040 54	0.046 02	0.005 48	0.049 41	0.057 36	0.007 95	0.058 75	0.069 74	0.010 99
27	0.032 26	0.035 82	0.003 46	0.040 68	0.046 20	0.005 52	0.049 56	0.057 56	0.008 00	0.058 91	0.069 97	0.011 05
28	0.032 40	0.035 98	0.003 48	0.040 82	0.046 38	0.005 56	0.049 71	0.057 76	0.008 05	0.059 07	0.070 17	0.011 10
29	0.032 54	0.036 15	0.003 51	0.040 97	0.046 56	0.005 59	0.049 86	0.057 95	0.008 09	0.059 23	0.070 39	0.011 16

续 表

分	24°			25°			26°			27°		
	λ_0	x_0	σ_0	λ_0	x_0	σ_0	λ_0	x_0	σ_0	λ_0	x_0	σ_0
30	0.032 67	0.036 31	0.003 54	0.041 11	0.046 74	0.005 63	0.050 01	0.058 15	0.008 14	0.059 39	0.070 61	0.011 22
31	0.032 81	0.036 48	0.003 57	0.041 26	0.046 92	0.005 56	0.050 17	0.058 35	0.008 18	0.059 55	0.070 82	0.011 27
32	0.032 95	0.036 65	0.003 60	0.041 40	0.047 11	0.005 71	0.050 32	0.058 55	0.008 23	0.059 71	0.071 04	0.011 33
33	0.033 09	0.036 81	0.003 72	0.041 55	0.047 29	0.005 74	0.050 47	0.058 75	0.008 28	0.059 87	0.071 26	0.011 39
34	0.033 22	0.036 98	0.003 76	0.041 69	0.047 47	0.005 78	0.050 62	0.058 95	0.008 33	0.060 04	0.071 47	0.011 43
35	0.033 36	0.037 15	0.003 79	0.041 84	0.047 66	0.005 82	0.050 78	0.059 15	0.008 37	0.060 20	0.071 69	0.011 49
36	0.033 50	0.037 31	0.003 81	0.041 98	0.047 84	0.005 86	0.050 93	0.059 35	0.008 42	0.060 36	0.071 91	0.011 55
37	0.033 64	0.037 48	0.003 84	0.042 13	0.048 02	0.005 89	0.051 08	0.059 55	0.008 47	0.060 52	0.072 13	0.011 61
38	0.033 77	0.037 65	0.003 88	0.042 27	0.048 20	0.005 93	0.051 24	0.059 75	0.008 51	0.060 68	0.072 35	0.011 67
39	0.033 91	0.037 82	0.003 91	0.042 42	0.048 39	0.005 97	0.051 39	0.059 95	0.008 56	0.060 84	0.072 57	0.011 73
40	0.034 05	0.037 98	0.003 93	0.042 56	0.048 57	0.006 01	0.051 54	0.060 15	0.008 16	0.061 00	0.072 78	0.011 78
41	0.034 19	0.038 15	0.003 96	0.042 71	0.048 76	0.006 05	0.051 70	0.060 35	0.008 65	0.061 17	0.073 00	0.011 83
42	0.034 33	0.038 32	0.003 99	0.042 86	0.048 94	0.006 08	0.051 84	0.060 56	0.008 71	0.061 33	0.073 23	0.011 90
43	0.034 46	0.038 49	0.004 03	0.043 00	0.049 13	0.006 13	0.052 00	0.060 76	0.008 76	0.061 49	0.073 45	0.011 96
44	0.034 60	0.038 66	0.004 06	0.043 15	0.049 31	0.006 16	0.052 16	0.060 96	0.008 80	0.061 65	0.073 67	0.012 02

续　表

分	24°			25°			26°			27°		
	λ_0	x_0	σ_0	λ_0	x_0	σ_0	λ_0	x_0	σ_0	λ_0	x_0	σ_0
45	0.034 74	0.038 83	0.004 09	0.043 29	0.049 50	0.006 21	0.052 31	0.061 17	0.008 86	0.061 81	0.073 89	0.012 03
46	0.034 88	0.039 00	0.004 12	0.043 44	0.049 69	0.006 25	0.052 47	0.061 37	0.008 90	0.061 98	0.074 11	0.012 13
47	0.035 02	0.039 17	0.004 15	0.043 59	0.049 87	0.006 28	0.052 62	0.061 57	0.008 95	0.062 14	0.074 33	0.012 19
48	0.035 16	0.039 34	0.004 18	0.043 73	0.050 06	0.006 33	0.052 78	0.061 77	0.008 99	0.062 30	0.074 55	0.012 25
49	0.035 30	0.039 51	0.004 21	0.043 88	0.050 25	0.006 37	0.052 93	0.061 98	0.009 05	0.062 47	0.074 78	0.012 31
50	0.035 44	0.039 69	0.004 25	0.044 03	0.050 43	0.006 40	0.053 09	0.062 18	0.009 09	0.062 63	0.075 00	0.012 37
51	0.035 58	0.039 86	0.004 28	0.044 17	0.050 62	0.006 45	0.053 24	0.062 39	0.009 15	0.062 79	0.075 22	0.012 43
52	0.035 72	0.040 03	0.004 31	0.044 32	0.050 81	0.006 49	0.053 40	0.062 59	0.009 19	0.062 96	0.075 44	0.012 48
53	0.035 86	0.040 20	0.004 34	0.044 47	0.051 00	0.006 53	0.053 55	0.062 80	0.009 25	0.063 12	0.075 67	0.012 55
54	0.036 00	0.040 37	0.004 37	0.044 62	0.051 19	0.006 57	0.053 71	0.063 00	0.009 29	0.063 28	0.075 89	0.012 61
55	0.036 13	0.040 54	0.004 41	0.044 76	0.051 37	0.006 61	0.053 86	0.063 21	0.009 35	0.063 45	0.076 11	0.012 66
56	0.036 28	0.040 72	0.004 44	0.044 91	0.051 56	0.006 65	0.054 02	0.063 42	0.009 40	0.063 61	0.076 34	0.012 73
57	0.035 42	0.040 89	0.004 47	0.045 06	0.051 75	0.006 69	0.054 17	0.063 62	0.009 45	0.063 78	0.076 56	0.012 78
58	0.036 56	0.041 06	0.004 50	0.045 21	0.051 94	0.006 73	0.054 33	0.063 83	0.009 50	0.063 94	0.076 79	0.012 85
59	0.036 70	0.041 23	0.004 53	0.045 36	0.052 13	0.006 77	0.054 49	0.064 04	0.009 55	0.064 10	0.077 02	0.012 92
60	0.036 84	0.041 41	0.004 57	0.045 50	0.052 32	0.006 82	0.054 64	0.064 24	0.009 60	0.064 27	0.077 24	0.012 97

续 表

分	28°			29°			30°		
	λ_0	x_0	σ_0	λ_0	x_0	σ_0	λ_0	x_0	σ_0
0	0.064 27	0.077 24	0.012 97	0.074 40	0.091 38	0.016 98	0.085 07	0.106 73	0.021 66
1	0.064 43	0.077 47	0.013 04	0.074 58	0.091 63	0.017 05	0.085 25	0.107 00	0.021 75
2	0.064 60	0.077 69	0.013 09	0.074 75	0.091 87	0.017 12	0.085 43	0.107 27	0.021 84
3	0.064 76	0.077 92	0.013 16	0.074 92	0.092 12	0.017 20	0.085 61	0.107 53	0.021 92
4	0.064 93	0.078 15	0.013 22	0.075 10	0.092 37	0.017 27	0.085 79	0.107 80	0.022 01
5	0.065 09	0.078 38	0.013 29	0.075 27	0.092 61	0.017 34	0.085 98	0.108 07	0.022 09
6	0.065 26	0.078 60	0.013 34	0.075 44	0.092 86	0.017 42	0.086 16	0.108 34	0.022 18
7	0.065 42	0.078 83	0.013 41	0.075 62	0.093 11	0.017 49	0.086 34	0.108 61	0.022 27
8	0.065 59	0.079 06	0.013 47	0.075 79	0.093 36	0.017 57	0.086 53	0.108 88	0.022 35
9	0.065 76	0.079 29	0.013 53	0.075 97	0.093 60	0.017 63	0.086 71	0.109 14	0.022 43
10	0.065 92	0.079 52	0.013 60	0.076 14	0.093.85	0.017 71	0.086 89	0.109 42	0.022 53
11	0.066 09	0.079 75	0.013 66	0.076 32	0.094 10	0.017 78	0.087 08	0.109 69	0.022 61
12	0.066 25	0.079 97	0.013 72	0.076 49	0.094 35	0.017 86	0.087 26	0.109 95	0.022 69
13	0.066 42	0.080 20	0.013 78	0.076 67	0.094 60	0.017 93	0.087 45	0.110 23	0.022 78
14	0.066 59	0.080 44	0.013 85	0.076 84	0.094 85	0.018 01	0.087 68	0.110 50	0.022 82

续 表

分	28°			29°			30°		
	λ_0	x_0	σ_0	λ_0	x_0	σ_0	λ_0	x_0	σ_0
15	0.066 75	0.080 67	0.013 92	0.077 02	0.095 10	0.018 08	0.087 81	0.110 77	0.022 96
16	0.066 92	0.080 90	0.013 98	0.077 19	0.095 35	0.018 16	0.088 00	0.111 04	0.023 04
17	0.067 09	0.081 13	0.014 04	0.077 37	0.095 60	0.018 23	0.088 18	0.111 31	0.023 13
18	0.067 25	0.081 36	0.014 11	0.077 54	0.095 85	0.018 31	0.088 37	0.111 59	0.023 22
19	0.067 42	0.081 59	0.014 17	0.077 72	0.096 11	0.018 39	0.088 55	0.111 86	0.023 31
20	0.067 59	0.081 82	0.014 23	0.077 90	0.096 36	0.018 46	0.088 74	0.112 13	0.023 39
21	0.067 76	0.082 06	0.014 30	0.078 07	0.096 61	0.018 54	0.088 93	0.112 41	0.023 48
22	0.067 92	0.082 29	0.014 37	0.078 25	0.096 87	0.018 62	0.089 11	0.112 68	0.023 57
23	0.068 09	0.082 52	0.014 43	0.078 43	0.097 12	0.018 69	0.089 30	0.112 96	0.023 66
24	0.068 26	0.082 75	0.014 49	0.078 60	0.097 37	0.018 77	0.089 48	0.113 23	0.023 75
25	0.068 43	0.082 99	0.014 56	0.078 78	0.097 63	0.018 85	0.089 67	0.113 51	0.023 84
26	0.068 60	0.083 22	0.014 62	0.078 96	0.097 88	0.018 93	0.089 85	0.113 78	0.023 93
27	0.068 76	0.083 46	0.014 70	0.079 13	0.098 14	0.019 01	0.090 04	0.114 06	0.024 02
28	0.068 93	0.083 69	0.014 76	0.079 31	0.098 39	0.019 08	0.090 23	0.114 33	0.024 10
29	0.069 10	0.083 93	0.014 83	0.079 49	0.098 65	0.019 16	0.090 41	0.114 61	0.024 20

续 表

分	28°			29°			30°		
	λ_0	x_0	σ_0	λ_0	x_0	σ_0	λ_0	x_0	σ_0
30	0.069 27	0.084 16	0.014 89	0.079 67	0.098 90	0.019 23	0.090 60	0.114 89	0.024 29
31	0.069 44	0.084 40	0.014 96	0.079 84	0.099 16	0.019 32	0.090 79	0.115 17	0.024 38
32	0.069 61	0.084 64	0.015 03	0.080 02	0.099 41	0.019 39	0.090 97	0.115 44	0.024 47
33	0.069 78	0.084 87	0.015 09	0.080 20	0.099 67	0.019 47	0.091 16	0.115 72	0.024 56
34	0.069 95	0.085 11	0.015 16	0.080 38	0.099 93	0.019 55	0.091 35	0.116 00	0.024 65
35	0.070 12	0.085 35	0.015 23	0.080 56	0.100 18	0.019 62	0.091 54	0.116 28	0.024 74
36	0.070 29	0.085 58	0.015 29	0.080 73	0.100 44	0.019 71	0.091 72	0.116 56	0.024 84
37	0.070 46	0.085 82	0.015 36	0.080 91	0.100 70	0.019 79	0.091 91	0.116 84	0.024 93
38	0.070 63	0.086 06	0.015 43	0.081 09	0.100 96	0.019 87	0.092 10	0.117 12	0.025 02
39	0.070 80	0.086 30	0.015 50	0.081 27	0.101 22	0.019 95	0.092 29	0.117 40	0.026 11
40	0.070 97	0.086 54	0.015 57	0.081 45	0.101 48	0.020 03	0.092 48	0.117 68	0.026 20
41	0.071 14	0.086 77	0.015 63	0.081 63	0.101 74	0.020 11	0.092 67	0.117 96	0.026 29
42	0.071 31	0.087 02	0.015 71	0.081 81	0.102 00	0.020 19	0.092 85	0.118 24	0.026 39
43	0.071 48	0.087 26	0.015 78	0.081 99	0.102 26	0.020 27	0.093 04	0.118 52	0.026 48
44	0.071 65	0.087 49	0.015 84	0.082 17	0.102 52	0.020 35	0.093 23	0.118 81	0.026 58

续　表

分	28°			29°			30°		
	λ_0	x_0	σ_0	λ_0	x_0	σ_0	λ_0	x_0	σ_0
45	0.071 82	0.087 74	0.015 92	0.082 35	0.102 78	0.020 43	0.093 42	0.119 09	0.026 67
46	0.071 99	0.087 97	0.015 98	0.082 53	0.103 04	0.020 51	0.093 61	0.119 37	0.026 76
47	0.072 16	0.088 22	0.016 06	0.082 71	0.103 30	0.020 59	0.093 80	0.119 66	0.026 86
48	0.072 33	0.088 46	0.016 13	0.082 89	0.103 56	0.020 67	0.093 99	0.119 94	0.026 95
49	0.072 51	0.088 70	0.016 19	0.083 07	0.103 82	0.020 75	0.094 18	0.120 23	0.027 05
50	0.072 68	0.088 94	0.016 26	0.083 25	0.014 09	0.020 84	0.094 37	0.120 51	0.027 14
51	0.072 85	0.089 18	0.016 33	0.083 43	0.104 35	0.020 92	0.094 56	0.120 79	0.027 23
52	0.073 02	0.089 43	0.016 41	0.083 61	0.104 61	0.021 00	0.094 75	0.121 07	0.027 33
53	0.073 19	0.089 67	0.016 48	0.083 79	0.104 88	0.021 09	0.094 94	0.121 36	0.027 40
54	0.073 37	0.089 91	0.016 54	0.083 97	0.105 14	0.021 17	0.095 13	0.121 65	0.027 52
55	0.073 54	0.090 16	0.016 62	0.084 15	0.105 40	0.021 25	0.095 32	0.121 94	0.027 62
56	0.073 71	0.090 40	0.016 69	0.084 34	0.105 67	0.021 33	0.095 51	0.122 22	0.027 71
57	0.073 88	0.090 65	0.016 77	0.084 52	0.105 94	0.021 42	0.095 70	0.122 51	0.027 81
58	0.074 06	0.090 89	0.016 83	0.084 70	0.106 20	0.021 50	0.095 89	0.122 80	0.027 91
59	0.074 23	0.091 13	0.016 90	0.084 88	0.106 47	0.021 59	0.096 09	0.123 09	0.028 00
60	0.074 40	0.091 38	0.016 98	0.085 07	0.106 73	0.021 66	0.096 28	0.123 38	0.028 10

这里介绍两种求总变位系数 x_{Σ} 的方法。一种方法是先由表 4-5 查出相应的 x_0 值，再按下式计算：

$$x_{\Sigma}=\frac{z_1+z_2}{2}x_0$$

另一种方法是直接按下式计算：

$$x_{\Sigma}=\frac{z_1+z_2}{2\tan\alpha}(\text{inv}\,\alpha'-\text{inv}\,\alpha)$$

在求出总变位系数后，对于角度变位齿轮，按下式计算各齿轮变位系数：

$$x_1=\frac{1}{4}\left(\frac{d_{a_1}-d_{a_2}}{m}-z_1+z_2+2x_{\Sigma}\right)$$

$$x_2=x_{\Sigma}-x_1$$

【实验任务】

1. 标明被测齿轮的编号。
2. 记录被测齿轮的各参数测量结果，以及所采用的测量方法和计算过程。
3. 测量结果误差分析。

【实验步骤】

1. 选择被测齿轮编号，第一次测量对象为标准齿轮，即编号为 1 或 2 的齿轮。
2. 直接数出被测齿轮的齿数 z。
3. 采用实验原理中的方法一、方法二和判别单个齿轮的变位形式的方法进行齿轮参数测量与计算，其他方法可作为参考。测量参数为 w_k 和 w_{k+1}，d_a 和 d_f，$d_{孔}$、$H_{顶}$ 和 $H_{根}$，每个尺寸应测量三次，分别填入实验报告表 4-6、表 4-7(偶数齿)、表 4-8(奇数齿)中。
4. 根据被测齿轮的原始数据进行计算，得出齿轮参数结果，包括齿数 z、模数 m、分度圆上压力角 α、齿顶高系数 h_a^*、径向间隙系数 C^*、变位系数 x，填入实验报告表 4-9 中。
5. 选择齿轮 3 或齿轮 4 作为第二次测量对象，重复步骤 3、4。
6. 任选齿轮 5、齿轮 6、齿轮 7、齿轮 8 之一作为第三次测量对象，重复步骤 3、4。
7. 实验完成后，根据实验规则整理实验设备，并请指导教师在实验报告上签字。

【实验报告】

请同学们根据以上所有操作和自己的思考完成实验报告。

渐开线齿轮参数测定实验报告

班　级	姓　名	学　　号	专　　业	实验日期

实验成绩构成表

<table>
<tr><td rowspan="2">必要
内容</td><td colspan="2">实验预习(实验前)</td><td>实验完成(实验现场)
无教师签字无成绩</td><td>实验报告(实验后)
无实验报告无成绩</td><td rowspan="4">总成绩</td></tr>
<tr><td colspan="2"></td><td></td><td></td></tr>
<tr><td rowspan="2">奖惩
内容</td><td>加分项</td><td></td><td colspan="2">老师证明签字:</td></tr>
<tr><td>减分项</td><td></td><td colspan="2">老师证明签字:</td></tr>
</table>

一、实验预习

1. 实验目的

2. 实验原理

二、齿轮参数测量记录

表 4-6　公法线长度测量数据表(保留两位小数)

<table>
<tr><td rowspan="4">标准齿轮</td><td colspan="2">齿轮编号 No:</td><td colspan="2">跨齿数 k =</td><td>齿数 z=</td></tr>
<tr><td>测量参数</td><td>第一次</td><td>第二次</td><td>第三次</td><td>平均值</td></tr>
<tr><td>w_k</td><td></td><td></td><td></td><td></td></tr>
<tr><td>w_{k+1}</td><td></td><td></td><td></td><td></td></tr>
<tr><td rowspan="4">高度变位齿轮</td><td colspan="2">齿轮编号 No:</td><td colspan="2">跨齿数 k =</td><td>齿数 z=</td></tr>
<tr><td>测量参数</td><td>第一次</td><td>第二次</td><td>第三次</td><td>平均值</td></tr>
<tr><td>w_k</td><td></td><td></td><td></td><td></td></tr>
<tr><td>w_{k+1}</td><td></td><td></td><td></td><td></td></tr>
<tr><td rowspan="4">角度变位齿轮</td><td colspan="2">齿轮编号 No:</td><td colspan="2">跨齿数 k =</td><td>齿数 z=</td></tr>
<tr><td>测量参数</td><td>第一次</td><td>第二次</td><td>第三次</td><td>平均值</td></tr>
<tr><td>w_k</td><td></td><td></td><td></td><td></td></tr>
<tr><td>w_{k+1}</td><td></td><td></td><td></td><td></td></tr>
</table>

表 4-7　齿顶圆直径和齿根圆直径测量数据表(偶数齿,保留两位小数)

<table>
<tr><td rowspan="6">标准齿轮</td><td colspan="2">齿轮编号 No:</td><td>齿数 z=</td></tr>
<tr><td>测量序号</td><td>齿顶圆直径 d_a</td><td>齿根圆直径 d_f</td></tr>
<tr><td>第一次</td><td></td><td></td></tr>
<tr><td>第二次</td><td></td><td></td></tr>
<tr><td>第三次</td><td></td><td></td></tr>
<tr><td>平均值</td><td></td><td></td></tr>
<tr><td rowspan="6">高度变位齿轮</td><td colspan="2">齿轮编号 No:</td><td>齿数 z=</td></tr>
<tr><td>测量序号</td><td>齿顶圆直径 d_a</td><td>齿根圆直径 d_f</td></tr>
<tr><td>第一次</td><td></td><td></td></tr>
<tr><td>第二次</td><td></td><td></td></tr>
<tr><td>第三次</td><td></td><td></td></tr>
<tr><td>平均值</td><td></td><td></td></tr>
</table>

续 表

角度变位齿轮	齿轮编号 No：		齿数 $z=$
	测量序号	齿顶圆直径 d_a	齿根圆直径 d_f
	第一次		
	第二次		
	第三次		
	平均值		

表4-8 齿顶圆直径和齿根圆直径测量数据表(奇数齿,保留两位小数)

	齿轮编号 No：			齿数 $z=$		
标准齿轮	测量序号	$d_孔$	$H_顶$	$d_a=d_孔+2H_顶$	$H_根$	$d_f=d_孔+2H_根$
	第一次					
	第二次					
	第三次					
	平均值					
	齿轮编号 No：			齿数 $z=$		
高度变位齿轮	测量序号	$d_孔$	$H_顶$	$d_a=d_孔+2H_顶$	$H_根$	$d_f=d_孔+2H_根$
	第一次					
	第二次					
	第三次					
	平均值					
	齿轮编号 No：			齿数 $z=$		
角度变位齿轮	测量序号	$d_孔$	$H_顶$	$d_a=d_孔+2H_顶$	$H_根$	$d_f=d_孔+2H_根$
	第一次					
	第二次					
	第三次					
	平均值					

三、齿轮参数计算过程及结果

表 4-9　齿轮参数计算结果表

	z	m	α	h_a^*	C^*	x
标准齿轮						
高度变位齿轮						
角度变位齿轮						

四、预习思考题解答

五、实验结论或者心得

实验 5　螺栓连接实验

实验学时：2　　**实验类型：**综合　　**实验要求：**必修
实验手段：线上教学＋教师讲授＋学生独立操作

【实验概述】

本实验是机械设计课程的核心实验之一，通过本实验项目拟达到以下实验目的：

(1) 掌握螺栓连接中各组件在预紧和加载过程中的受力情况；

(2) 计算螺栓的相对刚度，并绘制螺栓连接的受力变形图；

(3) 验证受轴向工作载荷时预紧螺栓连接的变形规律及螺栓总拉力的变化规律。

本实验涉及以下实验设备：

(1) LZS－A 型螺栓连接综合实验台、专用扭力扳手、量程为 0～1 mm 的千分表；

(2) LSD－A 型静动态测量仪、计算机及专用软件等；

(3) 学生自备的文具及数据存储用 U 盘等。

【预习思考题】

1. 列举至少 3 种生产、生活中常见的螺栓连接组件，分析它们在预紧和加载状态下的受力区别。

2. 本实验中是如何测量螺栓连接组件变形的？

【实验原理】

1. 实验原理

在螺栓连接中，螺栓受拉力发生拉伸变形，被连接件受压力发生压缩变形。在预紧力和轴向工作载荷联合作用下，螺栓的拉力由预紧力增大到总拉力，它等于轴向工作载荷与剩余预紧力之和，即 $F_0=F+F''$，如图 5－1 所示。在总拉力作用下，螺栓的伸长量由预紧力作用下的 δ_1 增加到 $\delta_1+\Delta\delta_1$，被连接件的压缩量由预紧力作用下的 δ_2 减小到

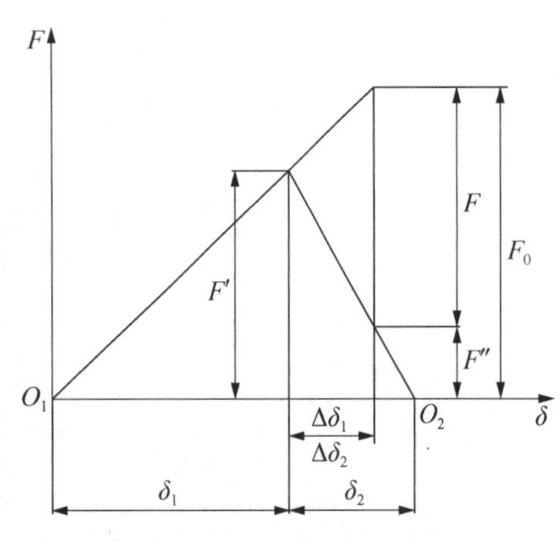

图 5－1　螺栓连接的受力变形图

$\delta_2 - \Delta\delta_2$，而螺栓的伸长量的增量 $\Delta\delta_1$ 应等于被连接件的压缩量的减量 $\Delta\delta_2$，即 $\Delta\delta_1 = \Delta\delta_2$，符合螺栓连接变形协调规律。

力与变形量之比，即 F/δ，称为刚度。螺栓的刚度 $C_1 = F_1/\delta_1$，被连接件的刚度 $C_2 = F_2/\delta_2$，因此螺栓的相对刚度为 $C_1/(C_1 + C_2)$。在力-变形量曲线上，刚度表现为曲线的斜率。系统的刚度等于螺栓的刚度与被连接件的刚度之和，即 $C = C_1 + C_2$。

为提高螺栓的疲劳强度，可采用降低 C_1 和提高 C_2 的方法来减小载荷变化量 ΔF，也可采用增大预紧力的方法来减小 ΔF，以减小应力幅。

螺栓和被连接件的应变量可用贴在试件上的电阻应变片并配以电阻应变仪进行测量，通常电阻应变仪测量的是微应变 $\mu\varepsilon$，$\mu\varepsilon = \varepsilon \times 10^6$，即 $\varepsilon = \mu\varepsilon \times 10^{-6}$。

2. 实验参数

螺栓：材质为 40Cr，弹性模量 $E = 2.06 \times 10^5$ N/mm^2，杆外直径 $D_{外} = 16$ mm，杆内直径 $D_{内} = 8$ mm，变形计算长度 $L_1 = 160$ mm，泊松比 $\mu = 0.28$。

八角环：材质为 40Cr，弹性模量 $E = 2.06 \times 10^5$ N/mm^2，计算截面积 $A_2 = 288$ mm^2(不加锥塞)，变形计算长度 $L_2 = 105$ mm。

挺杆：材质为 40Cr，弹性模量 $E = 2.06 \times 10^5$ N/mm^2，直径 $D_3 = 14$ mm，变形计算长度 $L_3 = 65$ mm。

电阻应变片：电阻为 120 Ω，灵敏度系数为 2.2。

3. 实验台的结构

螺栓连接综合实验台的结构如图 5-2 和图 5-3 所示。

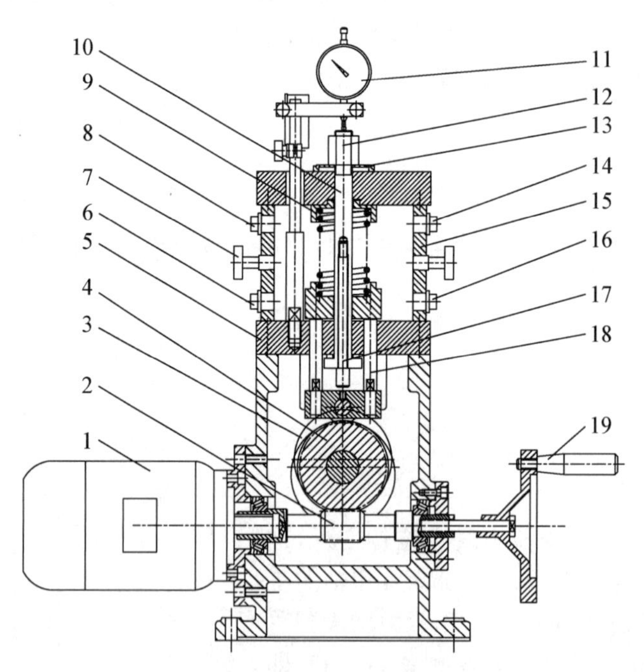

1—电动机；2—蜗杆；3—凸轮；4—蜗轮；5—下板；6—扭力插座；7—锥塞；8—拉力插座；9—弹簧；10—空心螺杆；11—千分表；12—螺母；13—刚性垫片；14—八角环压力插座；15—八角环；16—挺杆压力插座；17—M8 螺杆；18—挺杆；19—手轮

图 5-2　螺栓连接综合实验台的结构图

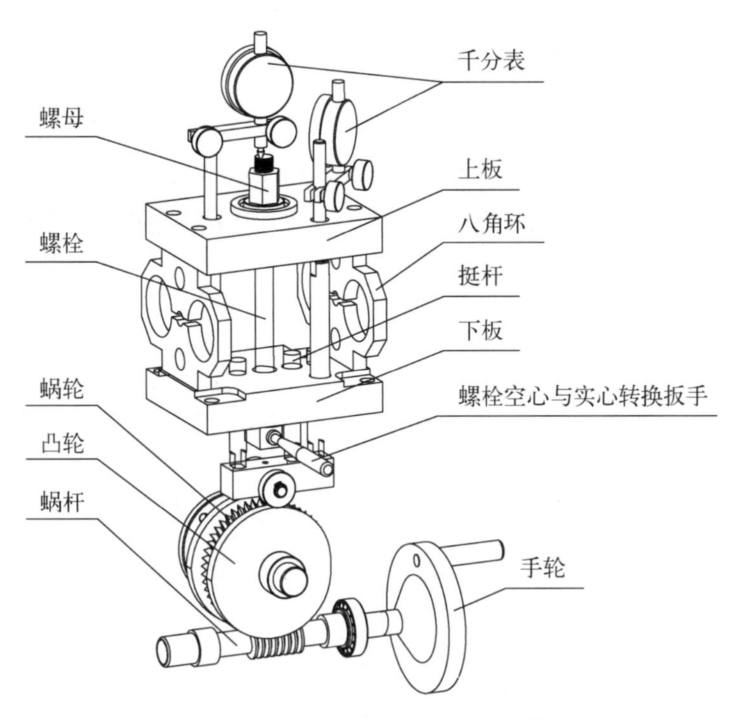

图 5-3 螺栓连接综合实验台的 3D 轴测图

4. 应变仪的工作原理及各测点应变片的组桥方式

螺栓连接综合实验台各被测件的应变量用 LSD-A 型静动态测量仪进行测量,通过标定或计算即可换算出各部分的大小。该仪器的工作原理方框图请参见 LSD-A 型静动态测量仪使用说明书,其电路结构示意图如图 5-4 所示。

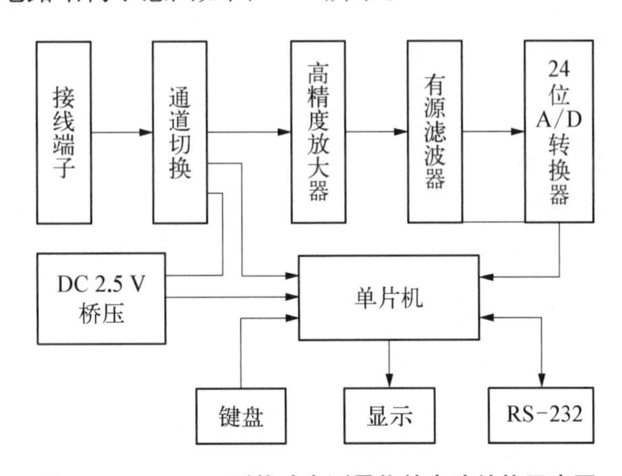

图 5-4 LSD-A 型静动态测量仪的电路结构示意图

LSD-A 型静动态测量仪是利用金属材料的特性将非电量变化转换成电量变化的测量仪。应变测量的转换元件——应变片是用极细的金属电阻丝绕成的或用金属箔片印刷腐蚀而成的。用胶黏剂将应变片牢固地粘贴在被测件上,当被测件受到外力作用后的长度发生变化时,应变片的电阻值随着发生 ΔR 的变化,这样就把机械量变化转换成电量(电阻值)变化。用灵敏的电阻测量仪——电桥测出电阻值的变化 $\Delta R/R$,就可换算出相应的应变,并可直接从 LSD-A 型静动态测量仪数码管上读出应变值ε。该仪器可通过 A/D 板向计算机发送被测件的应变值，供计算机处理。

LSD-A 型静动态测量仪采用正弦波电压作为供桥电源电压，经过放大、检波、滤波输出信号。这种电路的构造比较复杂，具有稳定性好、抗干扰能力强、分辨率高、输出杂波电压小等优点，特别是在小应变测量时，没有热电势的影响，并且仪器内部还设有电桥电容分量自动抵消电路和高灵敏度电压控制振荡电路等，因此该仪器的性能比较完善。

5. 仪器的连接

应变仪的连接：先用配套的 4 根输出线的插头将各测点的插座连接好，各测点的布置为电动机侧八角环的上方为螺栓拉力、下方为螺栓扭力，手轮侧八角环的上方为八角环压力、下方为挺杆压力；再将各测点的输出线分别接于应变仪背面 1、2、3、4 通道的 A、B、C 接线端子上，注意黄色线接 B 端子(中点)。

计算机的连接：用串口数据线的一头连接应变仪背面的九芯插座，用另一头连接计算机上的 A/D 板接口。

6. 计算公式

(1) 螺栓的实测拉力(空心)

$$F_1=\sigma_1\times A_1=E\times\mu\varepsilon_1\times10^{-6}\times\pi\times(D_{外}^2-D_{内}^2)/4 \tag{5-1}$$

式中 σ_1——连接件螺栓的拉应力；

A_1——连接件螺栓的截面积；

$\mu\varepsilon_1$——螺栓的微应变。

根据实验参数得

$$F_1=2.06\times10^5\times\text{螺栓的微应变}\times10^{-6}\times\pi\times(16^2-8^2)/4$$

(2) 八角环的实测压力(不加锥塞)

$$F_2=\sigma_2\times A_2=E\times\mu\varepsilon_2\times10^{-6}\times A_2 \tag{5-2}$$

式中 σ_2——被连接件八角环的压应力；

A_2——被连接件八角环的截面积；

$\mu\varepsilon_2$——八角环的微应变。

根据实验参数得

$$F_2=2.06\times10^5\times\text{八角环的微应变}\times10^{-6}\times288$$

(3) 挺杆的实测压力

$$F_3=(F_1-F_2)/2,\ F_3=\sigma_3\times A_3=E\times\mu\varepsilon_3\times10^{-6}\times\pi\times D_3^2/4 \tag{5-3}$$

式中 σ_3——挺杆的压应力；

A_3——挺杆的截面积；

$\mu\varepsilon_3$——挺杆的微应变。

根据实验参数得

$$F_3=2.06\times10^5\times\text{挺杆的微应变}\times10^{-6}\times\pi\times14^2/4$$

(4) 螺栓的实测扭力

剪切应力:

$$\tau_1 = E \times \mu\varepsilon_4 \times 10^{-6} / [(1+\mu) \times 2] \tag{5-4}$$

扭矩:

$$T_1 = W_1 \times \tau_1 = W_1 \times E \times \mu\varepsilon_4 \times 10^{-6} / [(1+\mu) \times 2] \tag{5-5}$$

式中 E ——材料的弹性模量;

μ ——材料的泊松比[①],理论值为 0.28;

W_1—— 圆轴截面抗扭截面系数,$W_1 = (D_{外}^2 - D_{内}^2)/16$。故有

$T_1 = [(D_{外}^2 - D_{内}^2)/16] \times 2.06 \times 10^5 \times \mu\varepsilon_4 \times 10^{-6} / [(1+|\mu\varepsilon_4 \div \mu\varepsilon_1|) \times 2]$

(5) 螺栓的实测刚度

$$C_1 = F_1/\delta_1 \tag{5-6}$$

式中 F_1——螺栓拉力;

δ_1—— 螺栓的变形量,$\delta_1 = \mu\varepsilon_1 \times 10^{-6} \times L_1$,其中 L_1 为螺栓的有效计算拉伸长度,其值为 160 mm。

(6) 八角环的实测刚度

$$C_2 = F_2/\delta_2 \tag{5-7}$$

式中 F_2—— 八角环压力;

δ_2—— 八角环的变形量,$\delta_2 = \mu\varepsilon_2 \times 10^{-6} \times L_2$,其中 L_2 为八角环的有效计算压缩长度,其值为 106 mm。

【实验任务】

本实验要求学生根据试件状态完成四种不同试件状态下的测试内容,包括空心螺杆、实心螺杆、空心螺杆加锥塞与实心螺杆加锥塞。

【实验注意事项】

请同学们在实验过程中细心配合,预紧螺栓时小心使用专用扭力扳手,不要伤到同学;在螺栓加载后,为防止测量棒被弹簧底座压住后可能挤压弹出并伤到同学,请务必将测量棒从弹簧底座下取出;请爱护实验设备等。

【实验步骤】

1. 打开螺栓连接测试软件

如图 5-5 所示,点击“静态螺栓实验”按钮,进入测试软件界面,同时应变仪屏幕上应该

---

① 在弹性范围内,若横向(扭)应变为 ε_x,轴向(拉)应变为 ε_y,两者之比为常数,则称其绝对值为横向变形系数,也称泊松比,用 μ 表示,即 $\mu = \left|\frac{\varepsilon_x}{\varepsilon_y}\right|$。在本实验中,$\mu = \left|\frac{\varepsilon_4}{\varepsilon_1}\right|$。

显示1、2、3、4通道的应变值，否则表示当前应变仪与计算机的串口通信中断，需要重新进入。

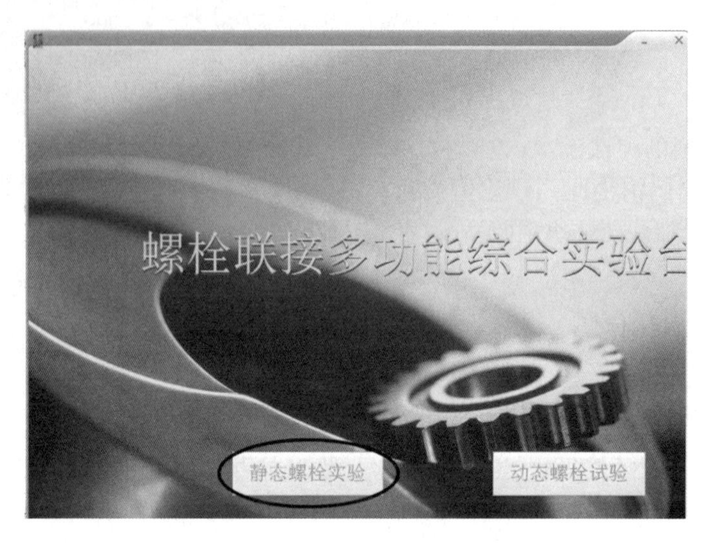

图5-5　螺栓连接测试软件进入界面

2. 选择实验项目

(1) 进行第一个实验项目，即空心螺杆实验项目。

(2) 确认实验台试件状态，即螺杆应处于空心设置状态，八角环不带锥塞。

(3) 操作计算机的实验成员确认当前实验项目选择为“空心螺杆”，如图5-6所示。

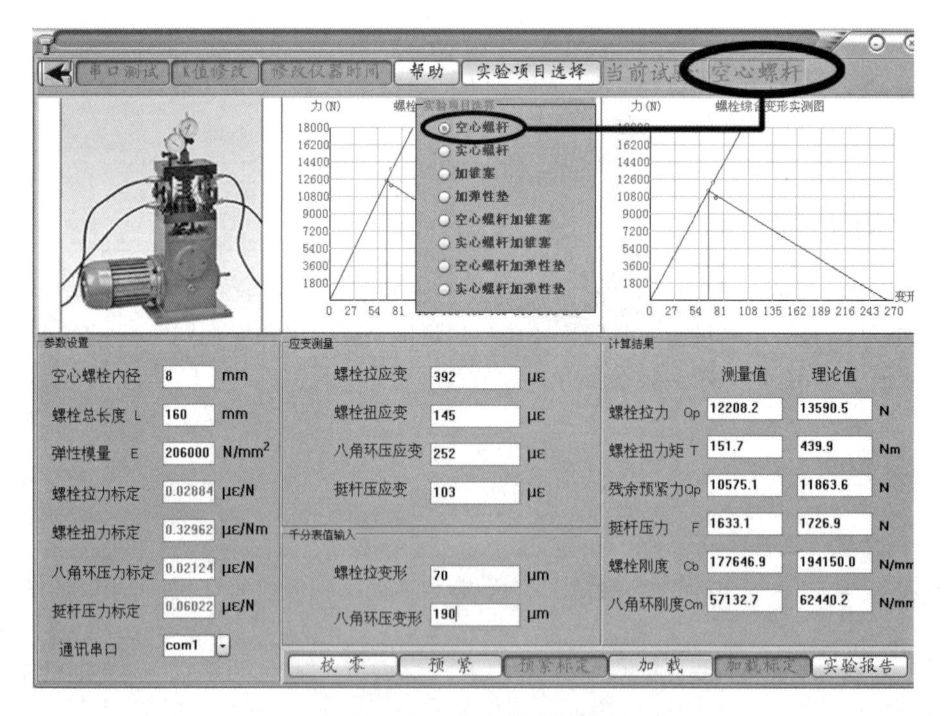

图5-6　实验项目选择

3. 设备仪器调零(请严格按如下顺序进行调零)

(1) 载荷调零：将弹簧 9 降至最低位置。加载机构通过转动手轮 19→蜗杆 2→蜗轮 4→凸轮 3→挺杆 18→弹簧 9 加载至空心螺杆 10，而凸轮是往复运动的循环机构，即随着手轮的逆时针转动会不断重复上升、下降的循环动作。在一般情况下，参考凸轮连续两次上升、下降的过程，基本可以判断出载荷为 0 的位置。

(2) 预紧力调零：将螺母 12 松开，使其与螺杆之间的力与力矩为 0。

(3) 千分表调零：将两只千分表分别调零。

(4) 应变仪调零：通过螺栓连接测试软件界面将应变仪调零，如图 5－7、图 5－8 所示。

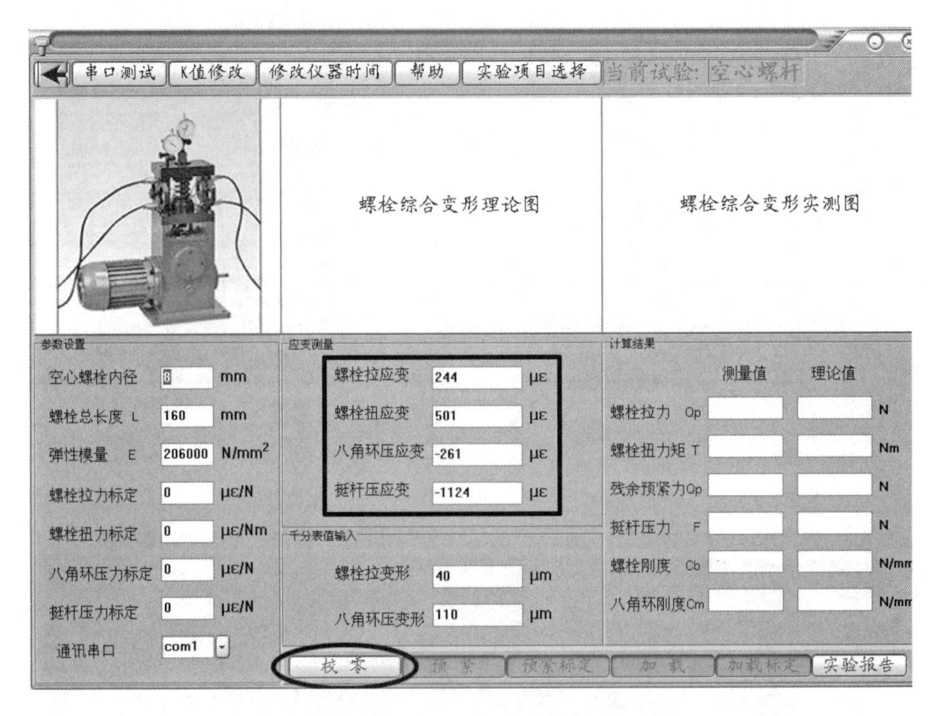

图 5－7　点击“校零”按钮之前

4. 螺栓预紧[步骤(1)～(3)由实验成员同时配合完成]

(1) 实验成员 1 负责用双手按住实验仪器桌。

(2) 实验成员 2 首先用手将螺母 12 拧紧，然后用专用扭力扳手对螺栓进行预紧，同时观察螺栓千分表读数并让其读数在(40±5)μm。

(3) 实验成员 3 负责观察八角环千分表读数，首先确认该表转的圈数，然后准确读出数值，注意应逆时针读数，即应读该表中的红色数字。

(4) 将螺栓与八角环的千分表读数(不可带小数)分别输入测试软件的千分表值输入框，点击“预紧”按钮，如图 5－9 所示，之后弹出预紧信息确认对话框，点击“是(Y)”按钮，如图 5－10 所示，接着应出现理论受力变形图与实测受力变形图，如图 5－11 所示。若只有理论受力变形图显示，则请重新点击“预紧”按钮，直至实测受力变形图显示。如此时应变仪屏幕上没有显示 1、2、3、4 通道的应变值，表明当前应变仪与计算机的串口通信中断，需要关闭测试软件后重新打开并从步骤 1 开始操作。

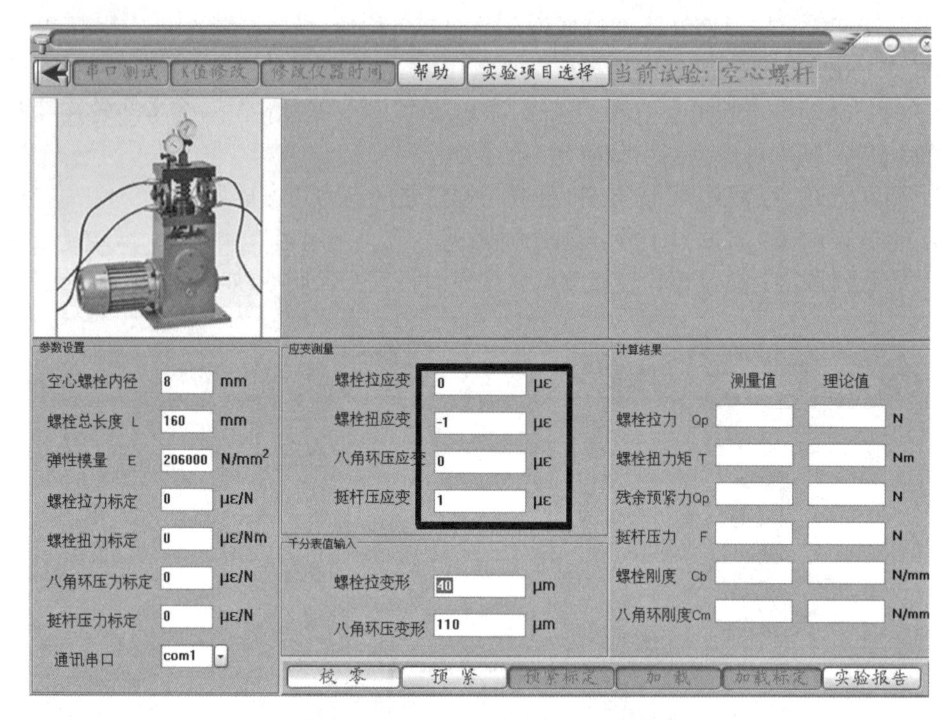

图 5-8　点击“校零”按钮之后

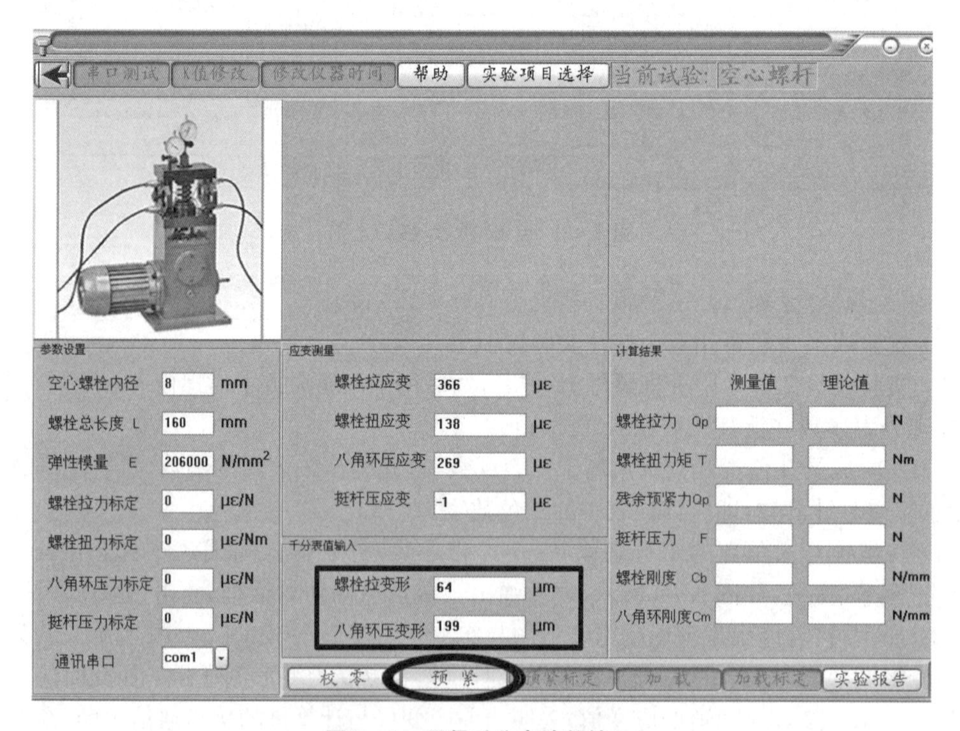

图 5-9　预紧千分表读数输入

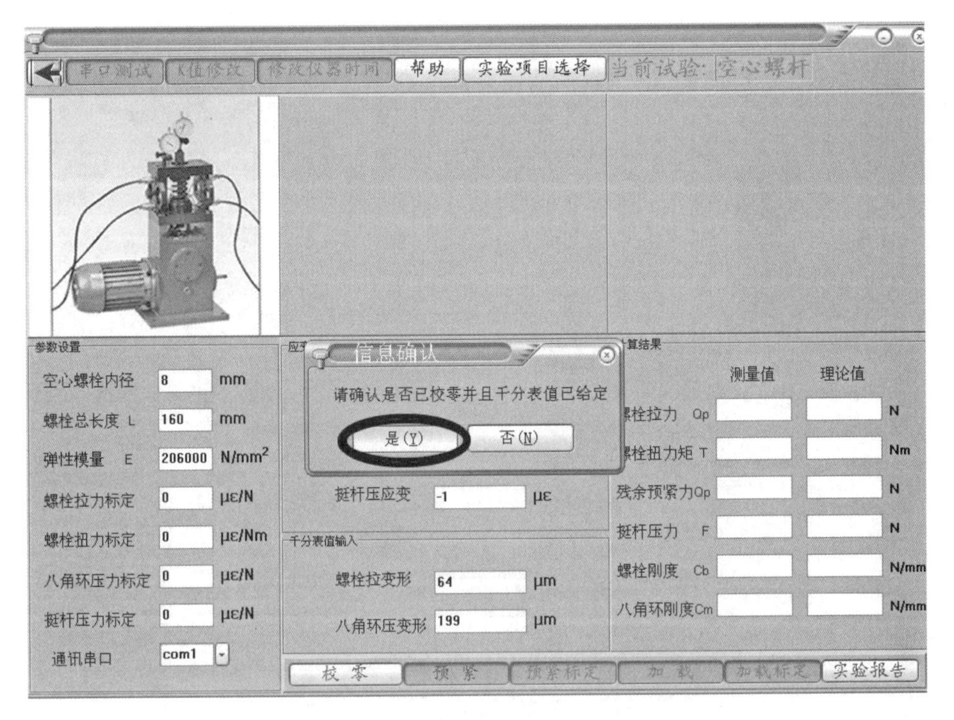

图 5－10　预紧信息确认对话框

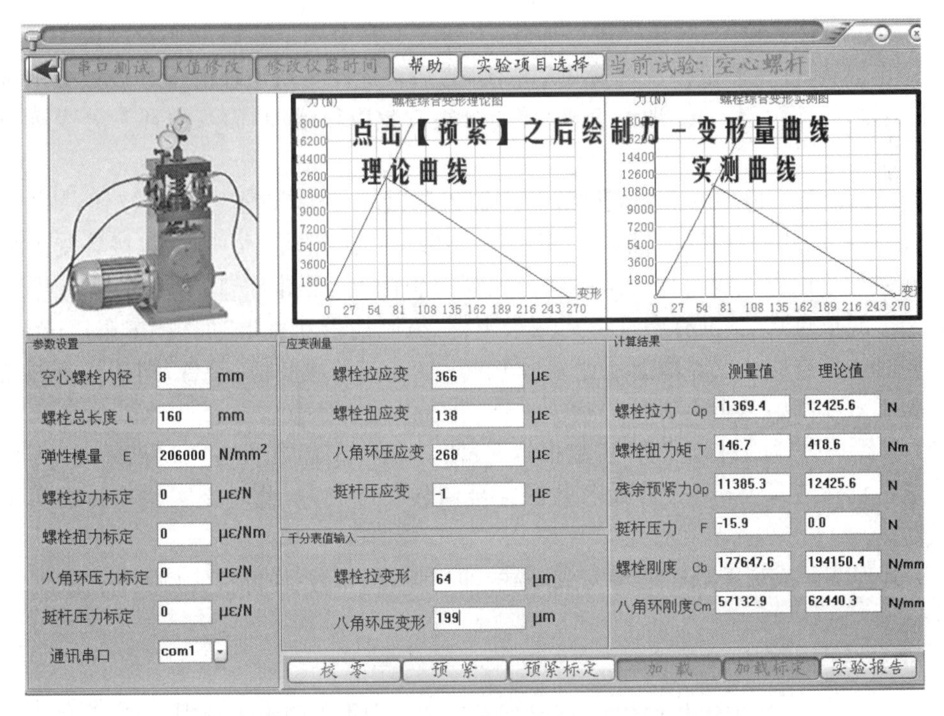

图 5－11　理论受力变形图与实测受力变形图

(5) 在预紧成功之后,点击"预紧标定"按钮,如图 5－12 所示。

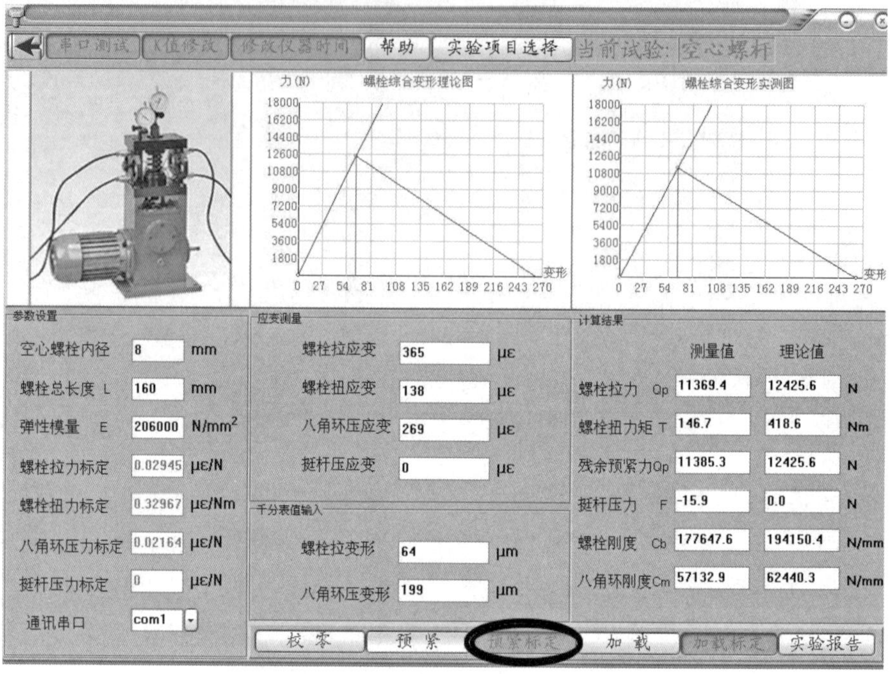

图 5－12　点击"预紧标定"按钮之后

5. 螺栓加载

(1) 通过旋转手轮 19 对螺栓进行加载,当弹簧上升至测量棒可以平着放置于弹簧底部时即可停止旋转,并将测量棒从弹簧底部取出,之后将螺栓与八角环的千分表读数准确读出(不可带小数,可四舍五入)。理论上,螺栓千分表读数应该增加,而八角环千分表读数应该减少。

(2) 将螺栓与八角环的千分表读数分别输入测试软件中,点击"加载"按钮,如图 5－13 所示,之后弹出加载信息确认对话框,如图 5－14 所示,点击"是(Y)"按钮,接着受力变形图上应出现螺栓总拉力坐标点与八角环剩余预紧力坐标点,如图 5－15 所示(力-变形量曲线上出现两个圈形点)。若没有出现上述两个坐标点,则请重新点击"加载"按钮,直至出现坐标点。同时请检查应变仪屏幕上是否显示 1、2、3、4 通道的应变值,若否,则请检查通信线路并从步骤 1 重新开始该实验项目。

(3) 继续点击"加载标定"与"实验报告"按钮,如图 5－16 与图 5－17 所示,操作计算机的实验成员负责给该 Word 文件命名并保存至新建文件夹中,此时该实验项目的实验数据采集成功。

(4) 其他实验成员按顺序逐步完成卸载,即将弹簧 9 降至最低位置(旋转手轮 19)、松开螺母 12。

6. 进行第二个至第四个实验项目的实验数据采集

(1) 如图 5－18 所示,利用测试软件分别进行第二个至第四个实验项目,即实验项目选择分别为"实心螺杆""空心螺杆加锥塞""实心螺杆加锥塞",同时注意更改实验台试件状态。

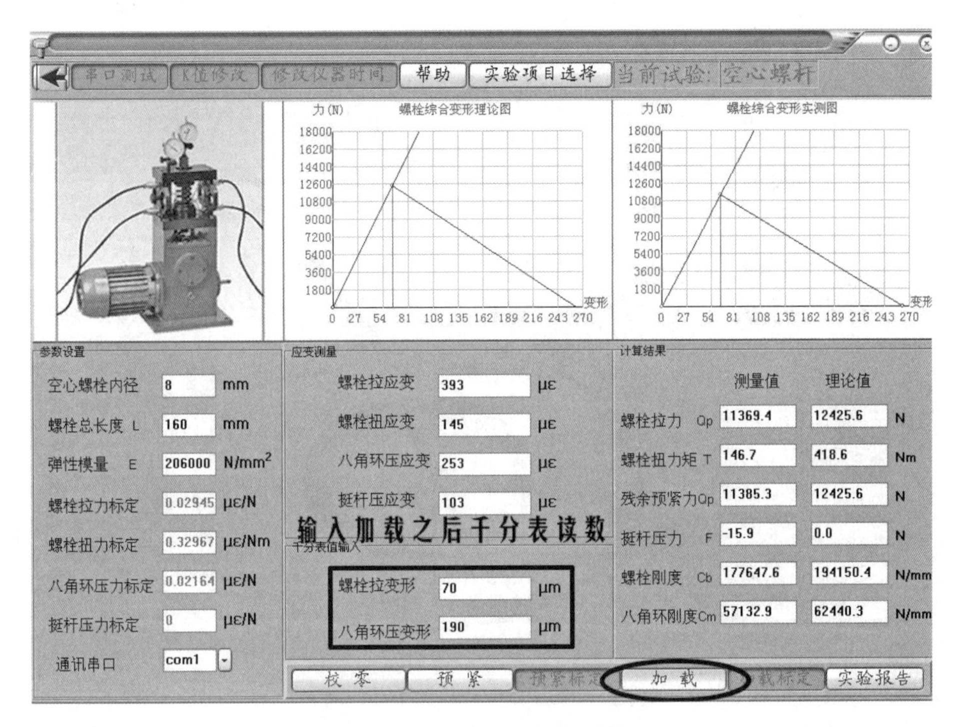

图 5－13　加载千分表读数输入

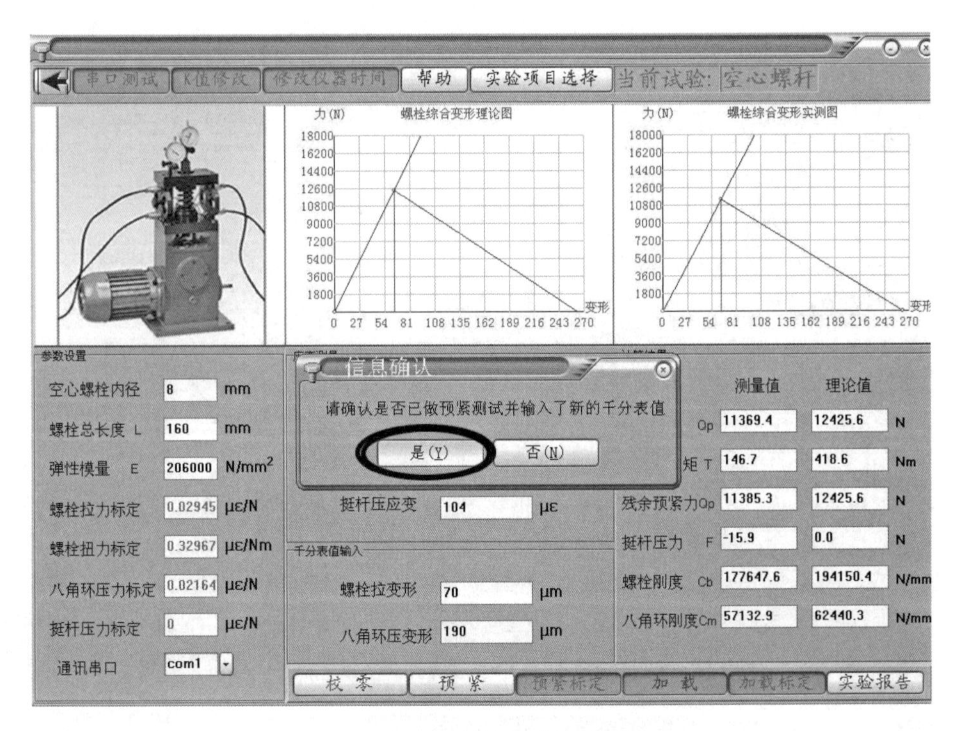

图 5－14　加载信息确认对话框

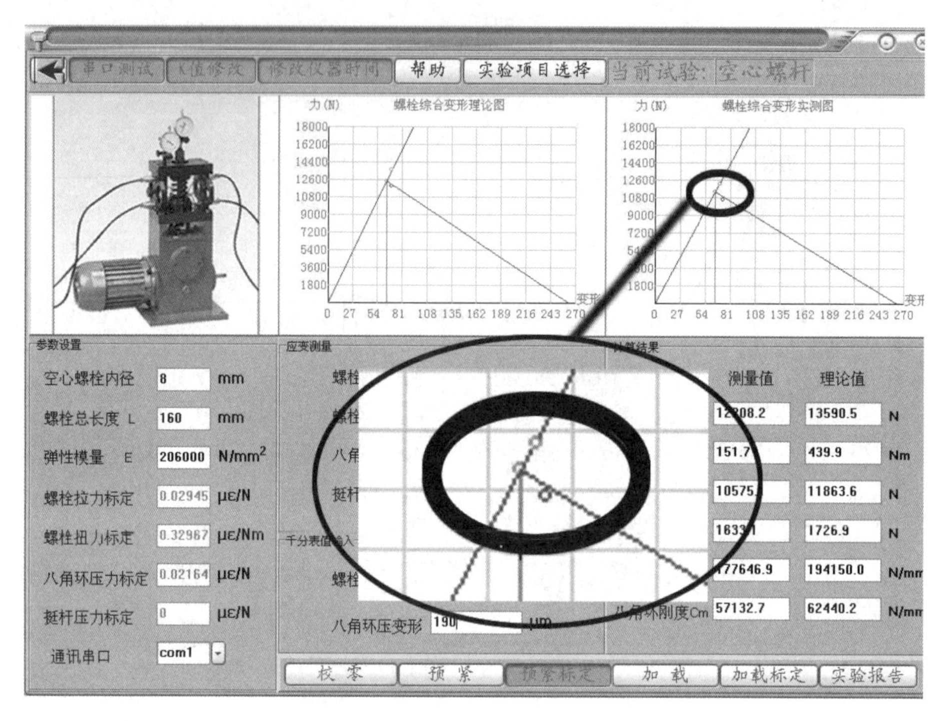

图 5-15　加载后受力点坐标

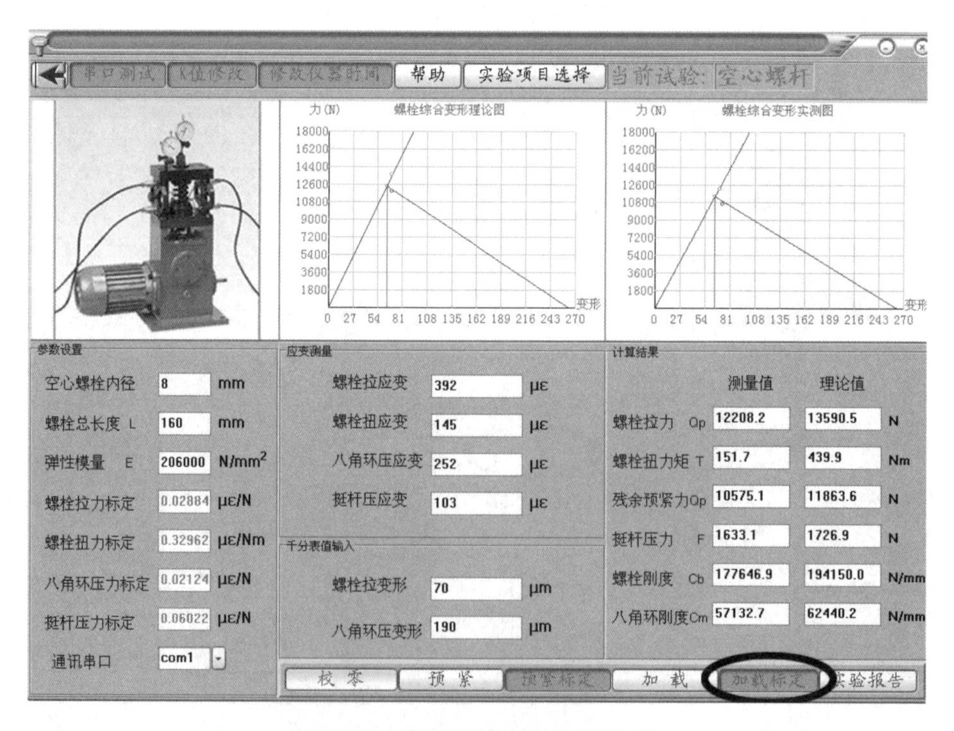

图 5-16　点击“加载标定”按钮之后

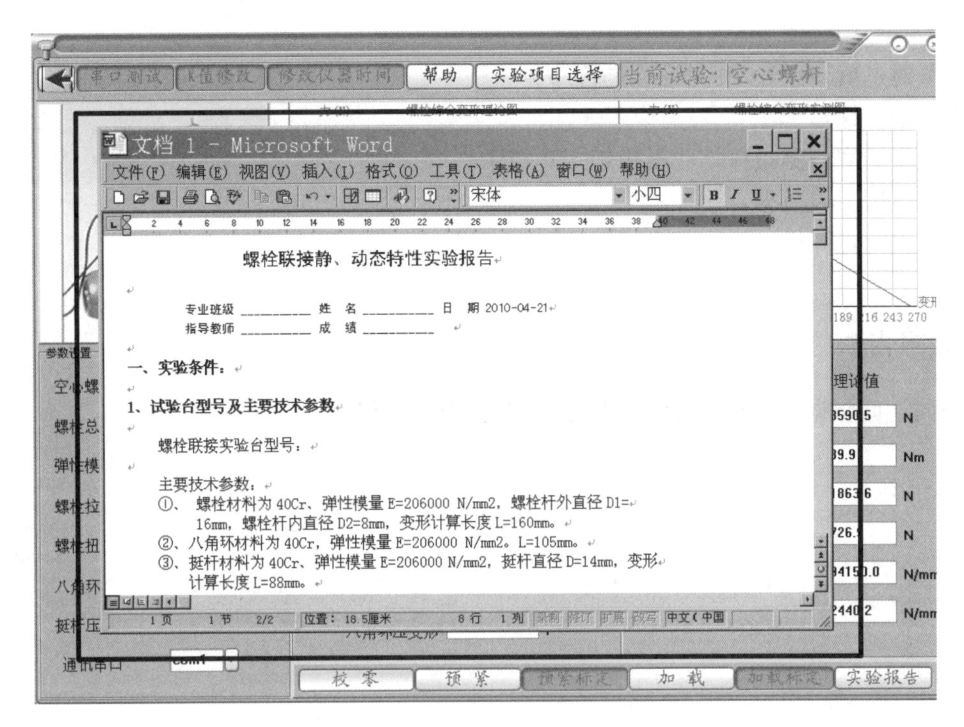

图5-17 点击“实验报告”按钮之后

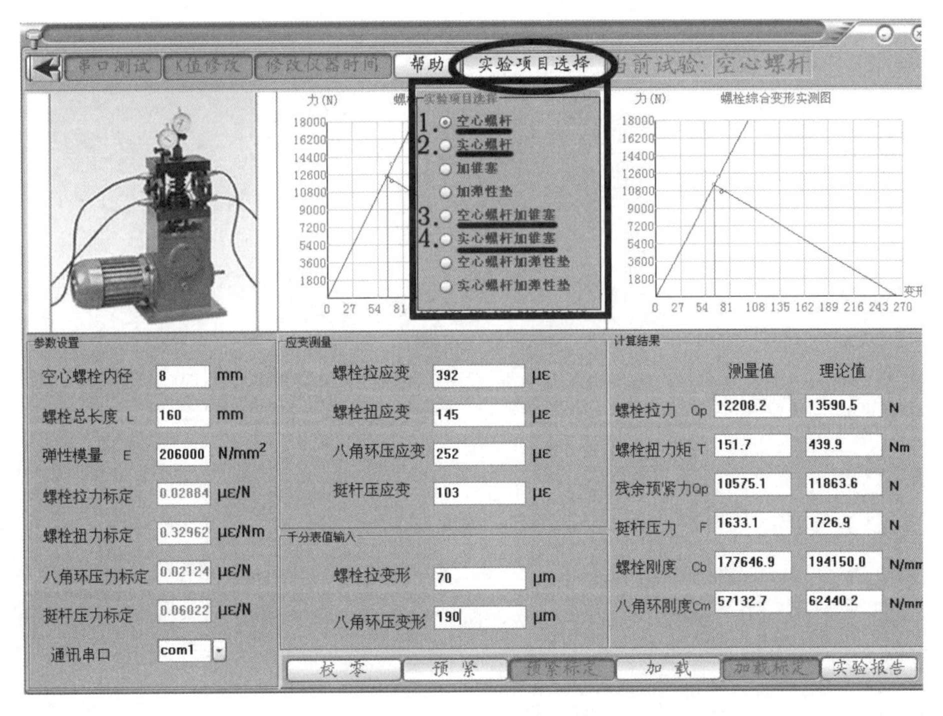

图5-18 实验项目选择

(2) 重复步骤3～5。

7. 实验结束

(1) 通过旋转手轮19对螺栓进行卸载。

(2) 松开螺母12。

(3) 将锥塞与测量棒均收至规定工具箱中。

(4) 整理实验数据。

(5) 关闭计算机。

【实验报告】

请同学们根据以上所有操作和自己的思考完成实验报告。

螺栓连接实验报告

班　级	姓　名	学　　号	专　　业	实验日期

<table>
<tr><th colspan="5">实验成绩构成表</th></tr>
<tr><td rowspan="2">必要内容</td><td>实验预习(实验前)</td><td>实验完成(实验现场)
无教师签字无成绩</td><td>实验报告(实验后)
无实验报告无成绩</td><td>总成绩</td></tr>
<tr><td></td><td></td><td></td><td rowspan="3"></td></tr>
<tr><td rowspan="2">奖惩内容</td><td>加分项</td><td></td><td>老师证明签字:</td></tr>
<tr><td>减分项</td><td></td><td>老师证明签字:</td></tr>
</table>

一、实验概述及实验设备

二、实验原理

三、实验步骤

四、实验任务

1. 实验数据记录与计算

表 5－1　空心螺杆测量数据表

	实测值				理论值			
预　紧	螺栓（拉力）	螺栓（扭力）	八角环	挺　杆	螺栓（拉力）	螺栓（扭力）	八角环	挺　杆
变形量/μm								
微应变（$\mu\varepsilon$）								
预紧力/N								
刚度/(N/mm)								
标定值* /N^{-1}								

续 表

加　载	实测值 螺栓（拉力）	实测值 螺栓（扭力）	实测值 八角环	实测值 挺　杆	理论值 螺栓（拉力）	理论值 螺栓（扭力）	理论值 八角环	理论值 挺　杆
变形量/μm								
微应变（με）								
加载力/N								
刚度/(N/mm)								
标定值* /N^{-1}								

* 表示试件在每牛顿拉力或者压力作用下产生的微应变。

表 5－2　实心螺杆测量数据表

预　紧	实测值 螺栓（拉力）	实测值 螺栓（扭力）	实测值 八角环	实测值 挺　杆	理论值 螺栓（拉力）	理论值 螺栓（扭力）	理论值 八角环	理论值 挺　杆
变形量/μm								
微应变（με）								
预紧力/N								
刚度/(N/mm)								
标定值* /N^{-1}								
加　载	螺栓（拉力）	螺栓（扭力）	八角环	挺　杆	螺栓（拉力）	螺栓（扭力）	八角环	挺　杆
变形量/μm								
微应变（με）								
加载力/N								
刚度/(N/mm)								
标定值* /N^{-1}								

* 表示试件在每牛顿拉力或者压力作用下产生的微应变。

表 5-3　空心螺杆加锥塞测量数据表

	实测值				理论值			
预紧	螺栓（拉力）	螺栓（扭力）	八角环	挺杆	螺栓（拉力）	螺栓（扭力）	八角环	挺杆
变形量/μm		/		/		/		/
微应变（με）						/	/	/
预紧力/N								
刚度/(N/mm)		/		/		/		/
标定值*/N⁻¹								
加载	螺栓（拉力）	螺栓（扭力）	八角环	挺杆	螺栓（拉力）	螺栓（扭力）	八角环	挺杆
变形量/μm		/		/		/		/
微应变（με）						/	/	/
加载力/N								
刚度/(N/mm)		/		/		/		/
标定值*/N⁻¹								

*表示试件在每牛顿拉力或者压力作用下产生的微应变。

表 5-4　实心螺杆加锥塞测量数据表

	实测值				理论值			
预紧	螺栓（拉力）	螺栓（扭力）	八角环	挺杆	螺栓（拉力）	螺栓（扭力）	八角环	挺杆
变形量/μm		/		/		/		/
微应变（με）						/	/	/
预紧力/N								
刚度/(N/mm)		/		/		/		/
标定值*/N⁻¹								

续　表

加　　载	实　测　值				理　论　值			
	螺栓（拉力）	螺栓（扭力）	八角环	挺　杆	螺栓（拉力）	螺栓（扭力）	八角环	挺　杆
变形量/μm								
微应变（με）								
加载力/N								
刚度/（N/mm）								
标定值*/N^{-1}								

* 表示试件在每牛顿拉力或者压力作用下产生的微应变。

2. 实验数据曲线绘制

（1）空心螺杆

（2）实心螺杆

（3）空心螺杆加锥塞

（4）实心螺杆加锥塞

五、预习思考题解答

六、实验结论或者心得

实验 6　带传动特性实验

实验学时： 2　　**实验类型：** 综合　　**实验要求：** 必修
实验手段： 线上教学＋教师讲授＋学生独立操作

【实验概述】

本实验是机械设计、机械设计基础课程的核心实验之一，通过本实验项目拟达到以下实验目的：

(1) 了解带传动的弹性滑动与打滑现象；

(2) 运用数据处理软件绘制带传动的滑动率曲线（$\varepsilon-\sigma$ 曲线）与效率曲线（$\eta-\sigma$ 曲线）；

(3) 掌握带传动实验台的工作原理，尤其是扭矩、转速的测量方法。

本实验涉及以下实验设备：

(1) CTPD－C 型带传动实验台、数据采集用计算机等；

(2) 学生自备的文具等。

【预习思考题】

1. 列举至少 3 种生产、生活中使用带传动作为机械传动的工作场合。
2. 哪些工作场合不适合采用带传动作为机械传动的方式？

【实验原理】

1. 实验原理

在带传动过程中，主、从动轮产生转速差的主要原因是带与带轮之间的弹性滑动。由于带在传动中紧边拉力 F_1 大于松边拉力 F_2，紧边到松边的拉力是变化的，带的拉伸弹性变形也相应变化，从而使带速与带轮的圆周速度不相等，因而产生弹性滑动，导致从动轮的圆周速度 v_2 小于主动轮的圆周速度 v_1。弹性滑动是一种微量的滑动，是不可避免的。弹性滑动不仅影响传动速度，而且影响传动效率，使传动效率降低。在带传动过载的情况下，当带与带轮产生全面滑动时，带传动严重失稳，并使带受到剧烈磨损，从而使带传动失效。这种现象称为打滑，打滑现象是可以避免的。

弹性滑动通常用滑动率 ε 来衡量，即

$$\varepsilon=\frac{v_1-v_2}{v_1}\times 100\%$$

式中　v_1，v_2——主、从动轮的圆周速度，m/s。

当主动轮与从动轮的直径相等时，有

$$\varepsilon=\frac{n_1-n_2}{n_1}\times 100\%$$

式中　n_1，n_2——主、从动轮的转速，r/min。

一般带传动的滑动率 $\varepsilon=1\%\sim2\%$。

带传动的效率 η 等于从动轮传递的功率 P_2 与主动轮传递的功率 P_1 之比，即

$$\eta=P_2/P_1$$

主动轮传递的扭矩 T_1（N・m）与功率 P_1（kW）的关系为

$$T_1=9\ 550\times P_1/n_1$$

从动轮传递的扭矩 T_2（N・m）与功率 P_2（kW）的关系为

$$T_2=9\ 550\times P_2/n_2$$

因此，带传动的效率 η 的计算公式也可写成

$$\eta=T_2n_2/(T_1n_1)$$

带传动的滑动率曲线（ε - σ 曲线）与效率曲线（η - σ 曲线）如图 6－1 所示。

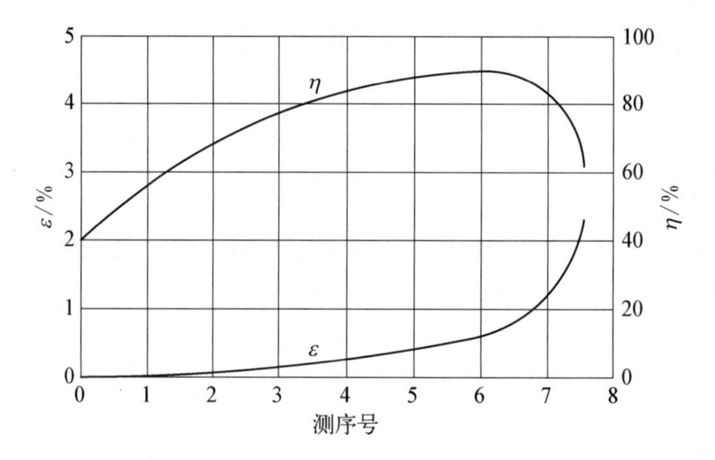

图 6－1　带传动的滑动率曲线与效率曲线

带传动的有效拉力 F 与扭矩 T_1 的关系如下：

$$F=2T_1/D_1$$

式中　D_1——主动轮的直径，mm。

带传动的有效应力 σ 的计算公式如下：

$$\sigma=F/A$$

式中　A ——实验三角带的剖面面积，mm^2。

2. 实验参数

基于计算机RS-232标准接口测量的带传动实验台测量系统包括带传动实验台和数据采集用计算机等。

直流电动机：功率P_1=0.355 kW，调速范围为50～1 300 r/min，调速精度为±1 r/min。

直流发电机：功率P_2=0.355 kW，加载范围为0～320 W。

预紧力最大值：29.4 N(3 kg)。

测力杆力臂长：$L_1=L_2$=120 mm（L_1、L_2分别为两电机转子轴心至压力传感器中心的距离）。

测力杆刚度系数：$K_1=K_2$=0.24。

带轮直径：$D_1=D_2$=120 mm。

压力传感器：精度为1%，量程为0～50 N。

皮带：美国型号7M800，广角(60°)V带，节圆周长为800 mm，截面积A=21.83 mm^2。

3. 实验台的结构与工作原理

带传动实验台的轴测图如图6-2、图6-3所示。电动机为直流无级调速电机，采用先进的调速电路和红外线光电测速方式；皮带轮的转速和扭矩可直接在面板上准确读取，也可输出到计算机中进行测试、分析。

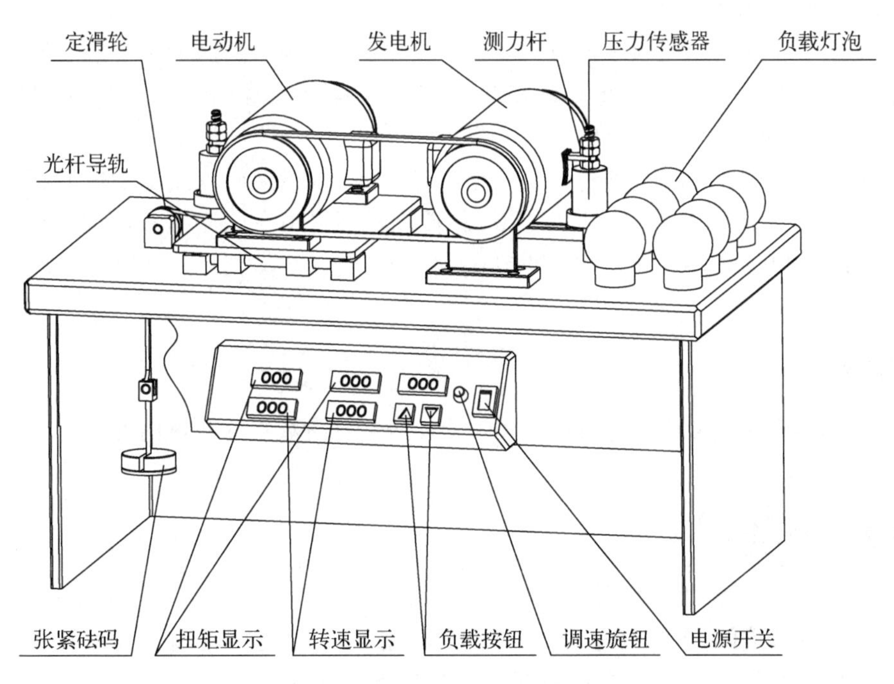

图6-2　带传动实验台的轴测图1

带传动实验台上有两个直流电机：一个为主动电机，主动电机固定在一个可以在水平方向移动的底板上，由一根广角V带与发电机相连；另一个为从动电机，作为发电机使用，其电枢绕组两端连接负载灯泡。在与滑动底板相连的砝码架上加上砝码即可张紧皮带，如图6-2所示。

电机锭子未固定，可转动，其外壳上装有测力杆。测力杆的支点压在压力传感器上，通过计算即可得到电动机和发电机的扭矩。如图6-3所示，两电机后端装有光电测速装置，其包括光电传感器和测速盘,所测转速在面板上各自的数码管上显示。

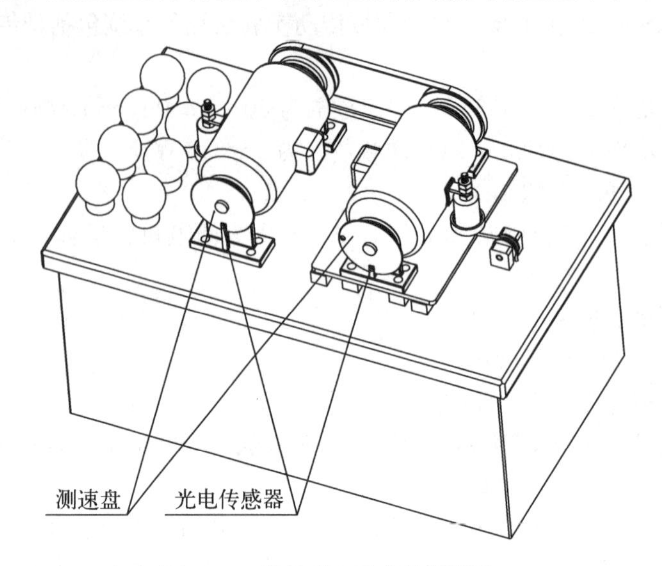

图 6-3 带传动实验台的轴测图 2

4. 实验台显示控制面板说明

带传动实验台的转速控制装置由两部分组成:一部分为根据脉冲宽度调制原理设计的直流电机调速电源;另一部分为电动机和发电机各自的转速测量与显示电路、红外线传感器电路。直流电机调速电源能输出电动机和发电机励磁电压,还能输出电动机所需的电枢电压,调节面板上的“调速”旋钮,即可获得不同的电枢电压,也就可改变电动机的转速。发电机的电枢端并联 8 个 40 W 灯泡作为负载。转速测量与显示电路中有左、右两组 LED 数码管,分别显示电动机和发电机的转速,如图 6-2 所示。

【实验任务】

请同学们至少完成带传动打滑数据和带传动避免打滑数据的测量内容。

【实验注意事项】

1. 请同学们不要触碰实验台上仪器罩内部分,不可将衣物、头发等接近仪器罩,防止卷进皮带中。在实验期间,务必遵守安全操作规程,注意人身安全防护,尤其不能将手伸进实验台防护罩内,更要防止异物(如头发)进入实验台防护罩内。

2. 请同学们注意防静电地板上的电源插座。

【实验步骤】

1. 打开实验台的左下方柜门,在砝码托盘上加挂 1.5 kg 砝码。

2. 开启实验台和数据采集用计算机:顺时针调节“调速”旋钮,将电动机转速调至 1 000～

1 200 r/min 即可，不要求转速精确到个位数或者十位数；开启数据采集用计算机。

3. 打开测试软件，并进入测试界面。用鼠标左键双击计算机桌面“皮带测试”图标，出现图 6 - 4 所示的界面。

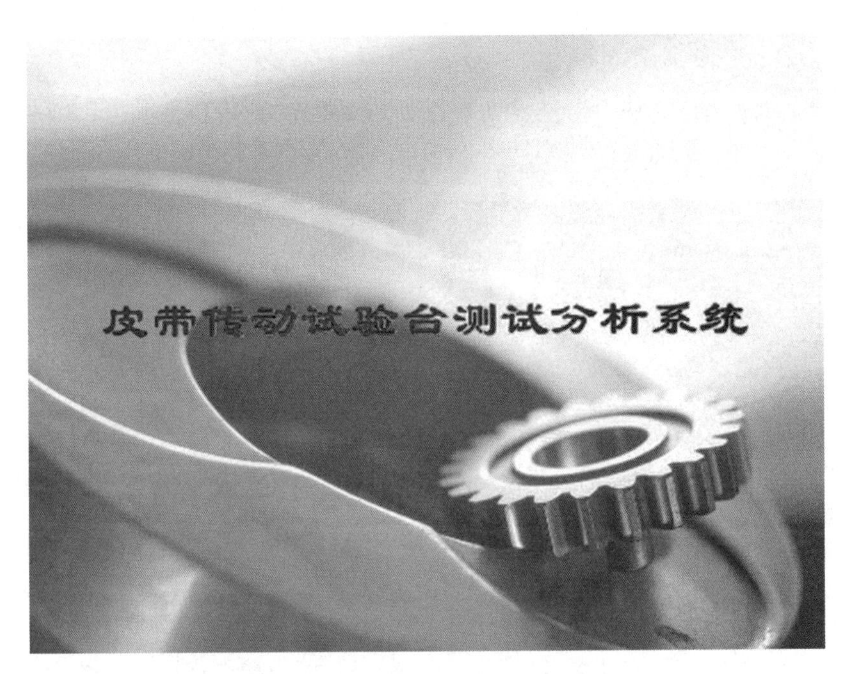

图 6 - 4　皮带传动测试软件初始界面

在图 6 - 4 界面上单击鼠标左键，弹出图 6 - 5 所示的界面。

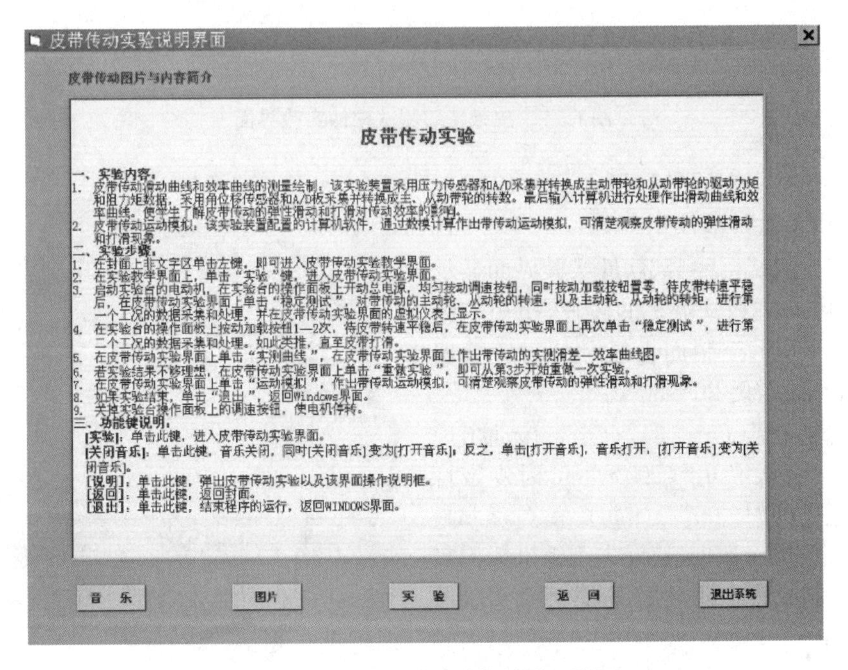

图 6 - 5　皮带传动测试软件说明界面

图 6-6 “接受数据”对话框

在图 6-5 界面上点击“实验”按钮，进入皮带传动实验测试界面，弹出“接受数据”对话框，如图 6-6 所示。

点击“确定”按钮，计算机开始接收数据，界面如图 6-7 所示。

4. 测量带传动打滑数据。采用三步循环测量并记录实验数据，如图 6-8 所示。

(1) 在图 6-7 界面上点击“稳定测试”按钮，记录第一组实验数据，同时将 n_1 (r/min)、n_2(r/min)、F_1(N)、F_2(N)四个数据记录在实验报告表 6-1 中。

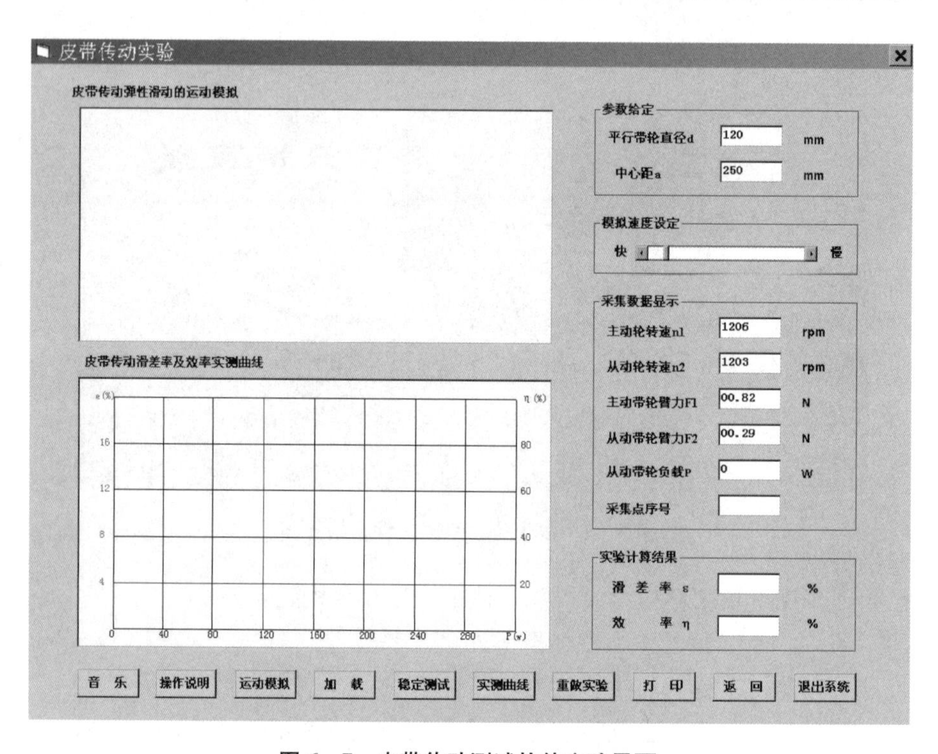

图 6-7 皮带传动测试软件实验界面

(2) 点击“加载”按钮，发电机可输出约 16 W 功率供负载灯泡使用。

(3) 进行测试，待测试软件实验界面显示的数据，即电动机和发电机的转速、扭矩的数值，与实验台显示控制面板显示的对应数据基本一致，一般需要 20～30 s。

(4) 重复步骤(1)～(3)，直至带传动出现打滑现象，一般认定 n_2<900 r/min 时皮带打滑。及时记录此时的 n_1(r/min)、n_2(r/min)、F_1(N)、F_2(N)四个数据，建议先用手机抓拍实验台显示控制面板上的数据，再整理到实验报告表 6-1 中。

图 6-8 测试步骤

5. 在测试期间，如果点击“稳定测试”按钮后弹出“请重新测试!”提醒框,如图6-9所示,那么说明当前计算机接收的数据还不稳定和准确,请先继续等待,直至该数据与实验台显示控制面板上的数据基本一致,再点击“稳定测试”按钮。

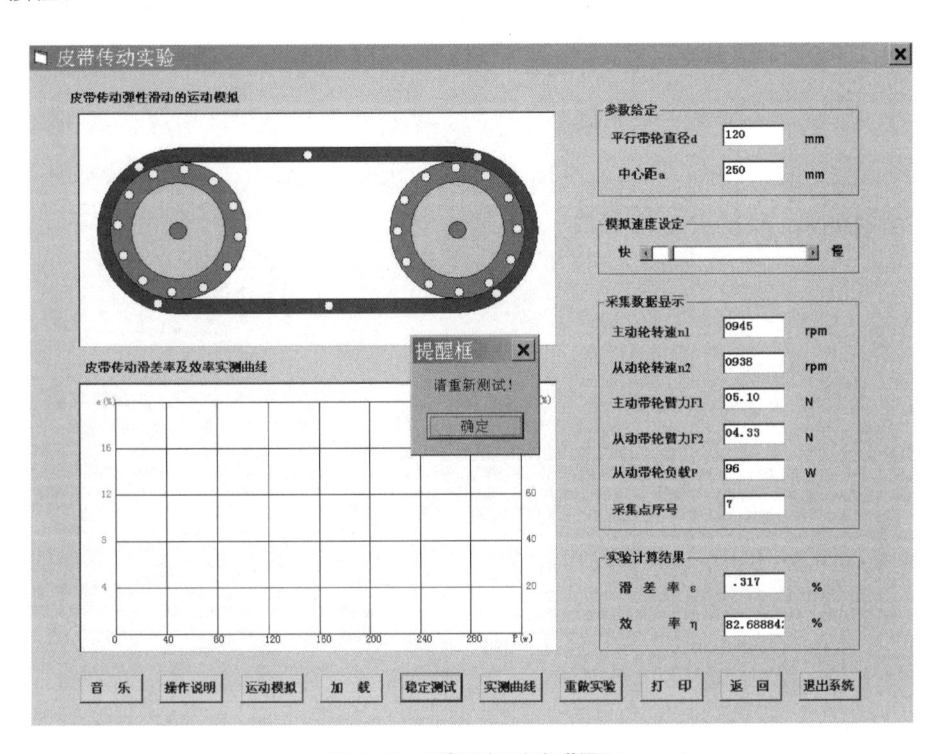

图6-9 “请重新测试!”界面

6. 卸掉发电机负载并增加砝码配重:在带传动打滑实验数据测量结束之后,点击“重做实验”按钮,卸掉当前发电机的载荷,在砝码托盘上加挂至少一倍质量的砝码,使砝码的总质量至少为3 kg。

7. 测量带传动避免打滑数据:重复实验步骤4中的(1)~(3),完成带传动避免打滑实验数据测量,记录在实验报告表6-2中。

8. 在带传动避免打滑实验数据测量结束之后,点击“重做实验”按钮,卸掉当前发电机的载荷,点击“退出系统”按钮,返回Windows界面。

9. 按规定顺序关闭实验设备:逆时针匀速旋转“调速”旋钮,将电动机转速归零→关闭实验台电源→取下砝码托盘上的所有砝码→用鼠标或者键盘操作关闭台式计算机。

【实验报告】

请同学们根据以上所有操作和自己的思考完成实验报告。

带传动特性实验报告

班　级	姓　名	学　　号	专　　业	实验日期

<table>
<tr><th colspan="6">实验成绩构成表</th></tr>
<tr><td rowspan="2">必要内容</td><td colspan="2">实验预习(实验前)</td><td colspan="2">实验完成(实验现场)
无教师签字无成绩</td><td>实验报告(实验后)
无实验报告无成绩</td><td>总成绩</td></tr>
<tr><td colspan="2"></td><td colspan="2"></td><td></td><td rowspan="3"></td></tr>
<tr><td rowspan="2">奖惩内容</td><td>加分项</td><td colspan="2"></td><td colspan="2">老师证明签字：</td></tr>
<tr><td>减分项</td><td colspan="2"></td><td colspan="2">老师证明签字：</td></tr>
</table>

一、实验概述及实验设备

二、实验原理

三、实验步骤

四、实验任务

1. 实验数据记录(实验台序号：　　　)

表 6-1　带传动打滑数据记录表(　　kg 配重)

	1	2	3	4	5	6	7	8	9	10
n_1/(r/min)										
n_2/(r/min)										
F_1/N										
F_2/N										

表 6－2　带传动避免打滑数据记录表(　　kg 配重)

	1	2	3	4	5	6	7	8	9	10
n_1/(r/min)										
n_2/(r/min)										
F_1/N										
F_2/N										

2. 实验数据处理(保留三位小数)

表 6－3　带传动打滑数据处理表(　　kg 配重)

	1	2	3	4	5	6	7	8	9	10
v_1/(m/s)										
v_2/(m/s)										
滑动率 ε/%										
效率 η/%										

表 6－4　带传动避免打滑数据处理表(　　kg 配重)

	1	2	3	4	5	6	7	8	9	10
v_1/(m/s)										
v_2/(m/s)										
滑动率 ε/%										
效率 η/%										

3. $\varepsilon-\sigma$ 曲线与 $\eta-\sigma$ 曲线绘制

(1) 带传动打滑数据的曲线

（2）带传动避免打滑数据的曲线

五、预习思考题解答

六、实验结论或者心得

实验 7　滑动轴承综合性能分析

实验学时： 2　　**实验类型：** 综合　　**实验要求：** 必修
实验手段： 线上教学＋教师讲授＋学生独立操作

【实验概述】

本实验是机械设计课程的核心实验之一，通过本实验项目拟达到以下实验目的：

(1) 测量与绘制滑动轴承的径向油膜压力分布曲线和轴向油膜压力分布曲线，计算滑动轴承的承载能力；

(2) 观察并掌握载荷和转速改变时油膜压力的变化规律；

(3) 掌握滑动轴承的摩擦系数 f 的测量方法，并绘制摩擦特性曲线(f - λ 曲线)；

(4) 掌握液体动压滑动轴承实验台的结构、工作原理及操作方法。

本实验涉及以下实验设备：

(1) CTHD - C 型液体动压滑动轴承实验台、计算机及专用软件等；

(2) 学生自备的绘图工具、文具等。

【预习思考题】

1. 列举至少 1 种生产、生活中使用滑动轴承工作的场合。
2. 本实验中轴瓦摩擦力测量的误差来源有哪些?
3. 影响液体动压滑动轴承的承载能力的因素有哪些?
4. 油膜形成的条件是什么?

【实验原理】

1. 实验台的传动装置

液体动压滑动轴承实验台的结构如图 7 - 1～图 7 - 3 所示。

它由直流电动机通过 V 带传动驱动轴沿顺时针方向(面对实验台面板)转动，由单片机控制调速来实现轴的无级调速。本实验台采用的轴的转速为 3～350 r/min，轴的转速从控制箱上的数码管上直接读出，或者从测试软件界面内的读数窗口处读出。

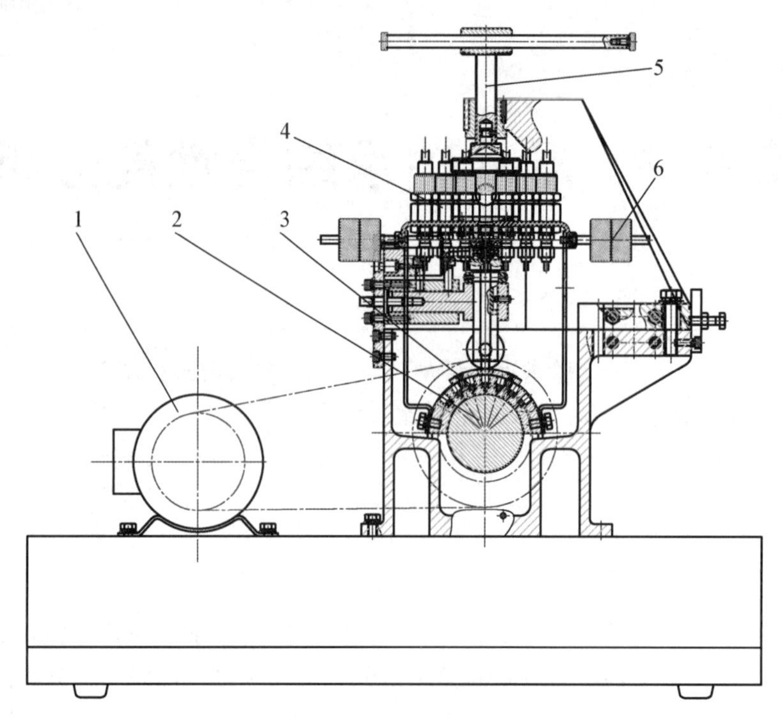

1—电机；2—主轴；3—轴瓦；4—油压传感器；5—螺旋加载杆；6—平衡螺母

图 7-1　液体动压滑动轴承实验台的结构图

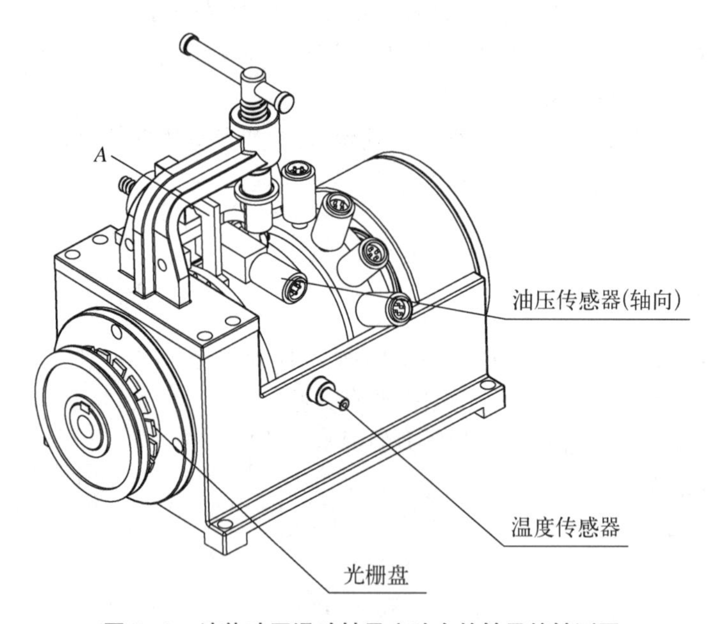

图 7-2　液体动压滑动轴承实验台的轴承箱轴测图

2. 轴与轴瓦之间的油膜压力测量装置

轴的材料为 45 号钢，经表面淬火、磨光，由滚动轴承支承在箱体上，轴的下半部浸泡在润滑油中，本实验台采用的润滑油的动力黏度为 0.34 Pa·s。轴瓦的材料为铸锡铅青铜，牌号为 ZCuSn5Pb5Zn5。在轴瓦的一个径向平面内，沿圆周钻有 7 个小孔，每个小孔沿圆周相

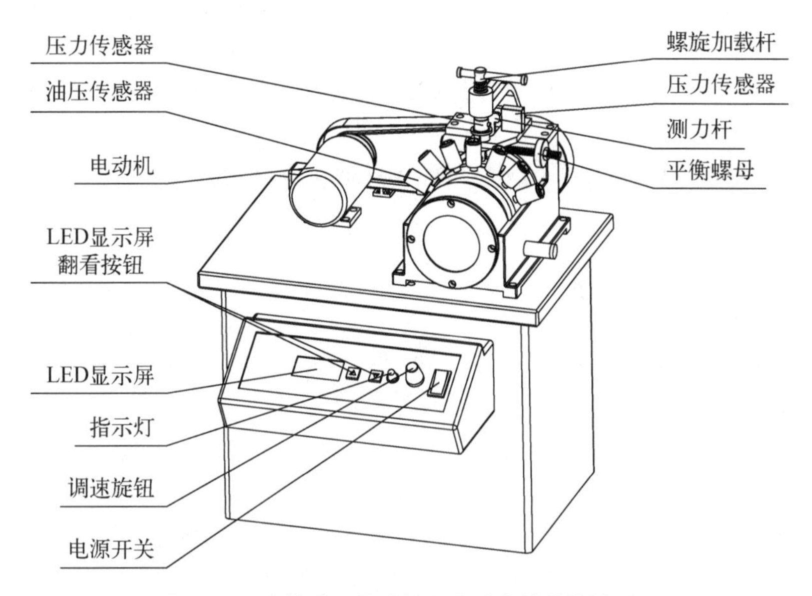

图 7－3　液体动压滑动轴承实验台的整体轴测图

隔 20°，每个小孔连接 1 个压力传感器，用来测量该径向平面内相应点的油膜压力，由此可绘制径向油膜压力分布曲线。沿轴瓦的一个轴向剖面内装有 2 个压力传感器，用来观察有限长滑动轴承沿轴向的油膜压力情况。

3. 加载装置

径向油膜压力分布曲线是在一定的载荷和一定的转速下绘制的。当载荷改变或轴的转速改变时，抽测出的压力是不同的，所绘出的压力分布曲线的形状也是不同的。转速的改变方法如前所述。本实验台采用螺旋加载杆改变载荷的大小，所加载荷通过压力传感器检测，并直接在控制箱面板显示窗口处读出（取中间值）。这种加载方式的主要优点是结构简单、可靠，使用方便，载荷的大小可任意调节。

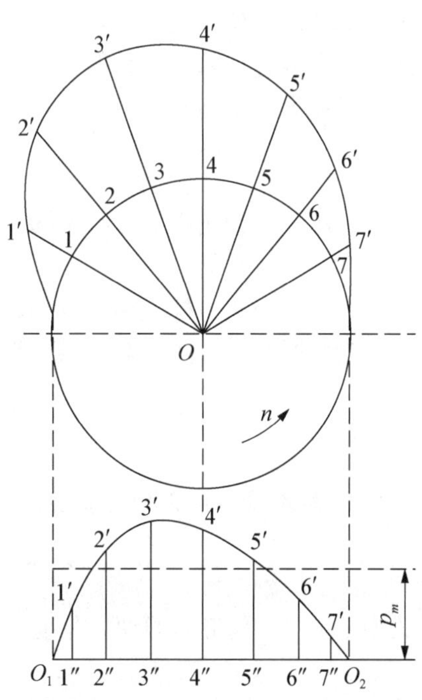

图 7－4　径向油膜压力分布曲线

4. 径向油膜压力分布曲线

（1）径向油膜压力分布曲线的绘制。如图 7－4 上部所示，作一圆并取其直径为轴承内径 d。具体画法：首先沿圆周从左到右画出角度分别为 30°，50°，70°，90°，110°，130°，150°的点，分别对应油孔点 1，2，3，4，5，6，7 的位置；然后将这 7 个点分别与圆心 O 连线，在各连线的延长线上，按压力传感器测得的压力画出（如按比例 0.1 MPa 对应 5 mm）压力线 $1-1'$，$2-2'$，…，$7-7'$；最后将 $1'$，$2'$，…，$7'$ 各点连成光滑曲线，此曲线就是所测轴承的一个径向截面内的径向油膜压力分布曲线。

（2）承载量的计算。如图 7－4 下部所示，首先将

点 1～7 投影到水平线上，得到点 $1''$～$7''$，然后将线 $1-1'$～$7-7'$ 的长度分别移到此水平线的垂直方向上，得到线 $1''-1'$～$7''-7'$，最后用光滑曲线将点 $1'$～$7'$ 连接起来，此曲线与水平线的交点分别记作 O_1 与 O_2。曲线与水平线围成的面积除以 O_1O_2 的长度即得径向平均单位压力 p_m。

对于上述面积的计算，可以采用坐标纸绘图并数小方格的方法。

$$q=\phi\times p_m\times B\times d$$

式中 q ——轴承内油膜承载量；

ϕ ——端泄系数，一般取 0.7；

p_m ——径向平均单位压力；

B ——轴承宽度；

d ——轴承内径。

5. 轴向油膜压力分布曲线

作一水平线并取其长度为轴承宽度 B，在中点的垂线上按一定的比例画出压力线 p_4-p_4'，在距中点四分之一处分别画出压力线 p_8-p_8'，此水平线的两端压力均为 0，用光滑曲线将压力为 0 点与点 p_4'，p_8' 连接起来，如图 7-5 所示。

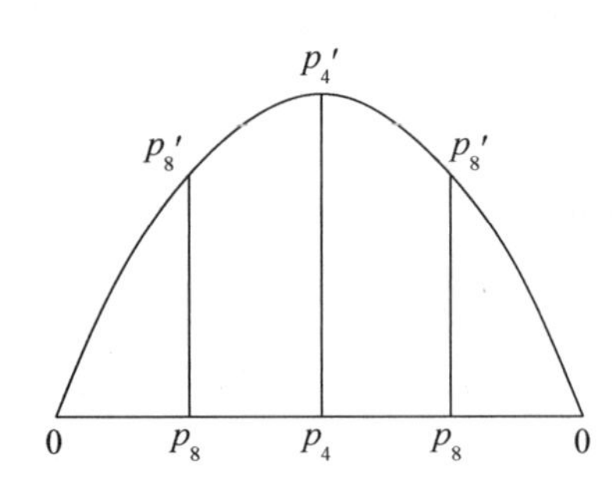

图 7-5　轴向油膜压力分布曲线

6. 摩擦系数 f 的测量装置

主轴瓦上装有测力杆，通过侧向压力传感器检测压力，经过单片机数据处理可直接得到摩擦力矩。摩擦系数 f 的数值可通过测量轴承的摩擦力矩而得到。在轴转动时，轴对轴瓦产生周向摩擦力 $F_{摩擦力}$，其摩擦力矩 $M=F_{摩擦力}d/2$，它使轴瓦翻转，轴瓦上的测力杆将力传递至侧向压力传感器。侧向压力传感器测量值乘测力杆的力臂长即可得到摩擦力矩，经计算就可得到摩擦系数。

根据力矩平衡条件得

$$F_{摩擦力}d/2=FL$$

式中 F ——作用在 A 处（见图 7-2，代表侧向压力传感器）的反力，即侧向压力传感器测量值；

L ——测力杆上测力点与轴承中心的距离，即测力杆的力臂长。

设作用在轴上的载荷为 W，则摩擦系数

$$f=\frac{2M}{Wd}=\frac{2FL}{Wd}$$

7. 轴承特性值 λ 的计算公式

$$\lambda=\mu\times n/p=\mu\times n\times d\times B/W$$

式中 μ—— 润滑油的动力黏度，Pa・s；

n——轴的转速，r/min；

p——轴承压强，N/m^2，$p=W/(dB)$；

d,B ——轴承内径和轴承宽度；

W—— 轴承载荷，kN，$W=G_{轴瓦}+T$，其中 $G_{轴瓦}$ 为实验用轴瓦自重，T 为螺旋加载机构的载荷。

根据平均油温 $t_{均}$ 与图 7-6 可得 μ 值，其中平均油温的计算公式为

$$t_{均}=(t_{始}+t_{束})/2$$

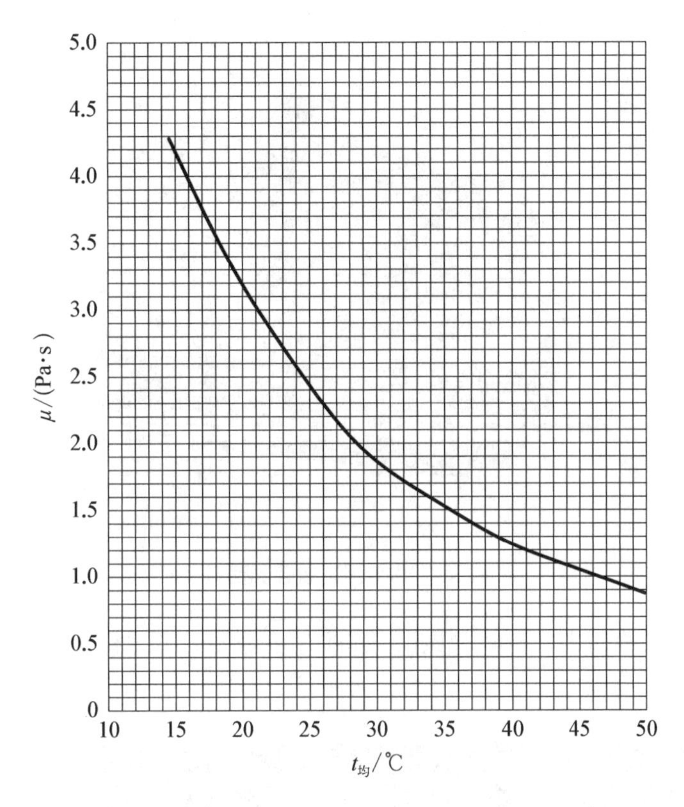

图 7-6　20# 润滑油的平均油温 $t_{均}$ 与动力黏度 μ 的关系曲线

摩擦系数 f 与轴承特性值 λ 的关系曲线如图 7-7 所示。

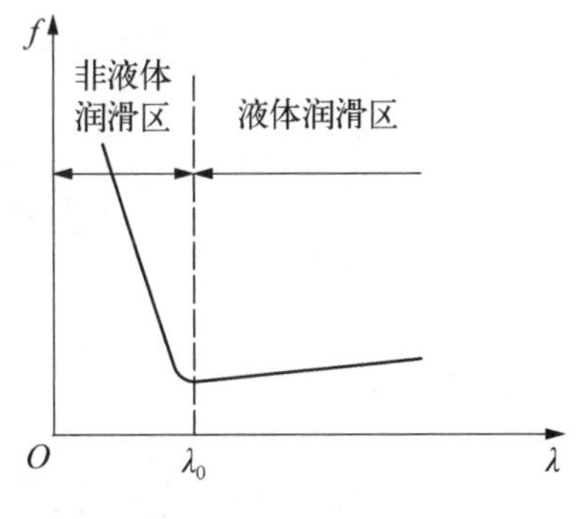

图 7-7　$f-\lambda$ 曲线

8. 实验参数

轴承内径 $d=60$ mm，轴承宽度 $B=120$ mm，光洁度 ▽7(1.6)，测力杆上测力点与轴承中心的距离 $L=120$ mm，轴瓦自重 $G_{轴瓦}=40$ N。

9. 电气控制面板

电气控制面板参见图 7-3。

(1) 电机调速部分：该部分采用专用的根据脉冲宽度调制原理设计的直流电机调速电源，通过面板上的调速旋钮进行调速。

(2) 显示测量控制部分：该部分由单片机、A/D 转换器和 RS-232 标准接口组成。

(3) 在本实验台工作时，若轴和轴瓦之间无油膜，则很可能烧坏轴瓦。为此，人为设置了轴瓦保护电路，如无油膜时油膜指示灯亮，正常工作时油膜指示灯灭。

10. 测试软件操作说明

(1) 滑动轴承综合性能分析实验测试界面

如图 7-8 所示,点击“实验指导”按钮即可阅读实验指导内容,点击“油膜压力分析”按钮即进入滑动轴承油膜压力分析实验界面,点击“摩擦特性分析”按钮即进入滑动轴承摩擦特性分析实验界面。

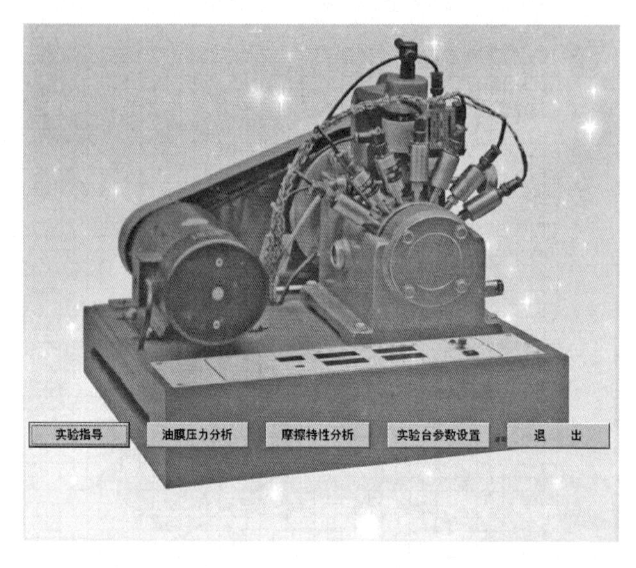

图 7-8 测试软件界面

(2) 滑动轴承油膜压力分析实验界面,如图 7-9 所示,点击“稳定测试”按钮即测试径向与轴向的油膜压力分布。

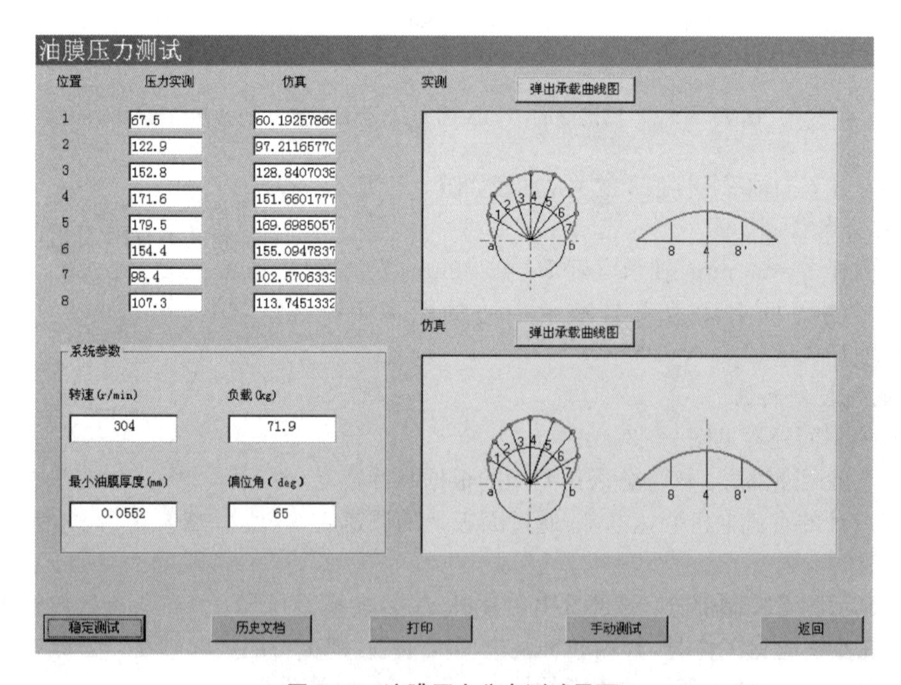

图 7-9 油膜压力分布测试界面

(3) 滑动轴承摩擦特性分析实验界面，如图 7-10 所示，点击“稳定测试”按钮即可进行轴承特性系数测量。

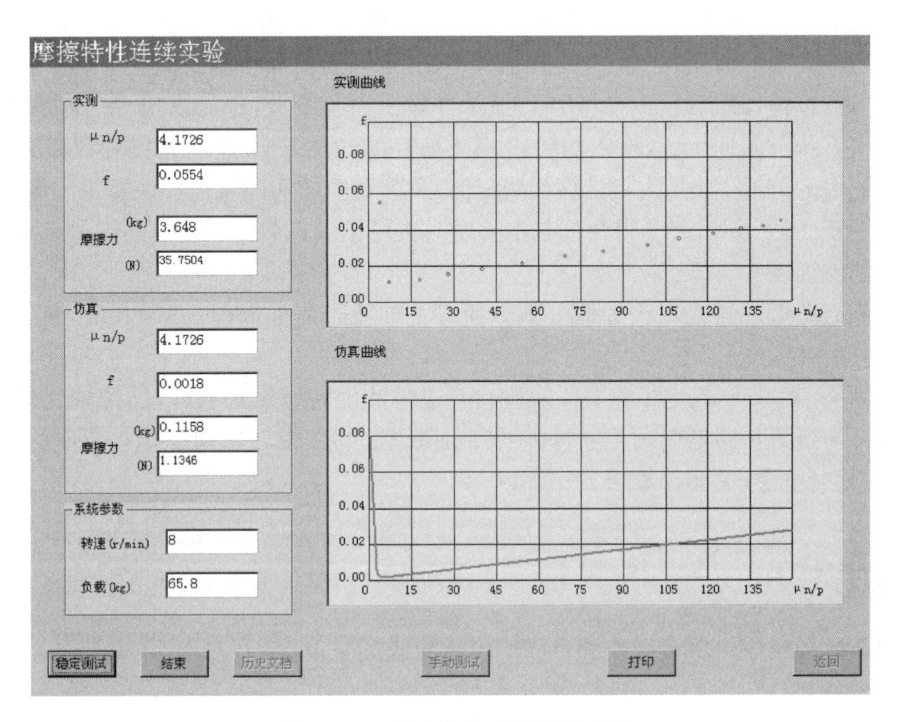

图 7-10　轴承特性系数测量界面

【实验任务】

1. 完成两种不同外载荷情况下径向油膜压力分布曲线和轴向油膜压力分布曲线的测量与绘制。

2. 完成两种不同外载荷情况下摩擦特性曲线的测量与绘制。

【实验注意事项】

请同学们严格按照实验步骤操作实验设备。

【实验步骤】

1. 开启实验台：按下实验台电源按钮，面板上 LED 显示屏亮并显示相应测量数据。

2. 打开数据采集用计算机，打开配套的数据采集软件。

3. 调节调速旋钮，将主轴转速均匀调至 330～335 r/min，并将外载荷调至(0.50±0.05)kN。

4. 测量两组油膜压力数据，完成实验报告表 7-1 中的内容。第一组数据对应的外载荷为(0.50±0.05)kN，第二组数据对应的外载荷为(0.70±0.05)kN。从轴瓦外载荷加载到记录8个压力传感器测量值，需要等待至少3 min。待压力传感器测量值基本不再变化时，方可将8个压力传感器测量值和实际的外载荷 T 记录到实验报告表7-1中。

5. 测量两组轴承特性系数数据，完成实验报告表7-2中的内容。

(1) 保持步骤4第二组实验中的外载荷不变，记录当前润滑油的温度为 $t_{始}$，操作方法：按面板上“▲”按钮，翻至最后一页，LED显示屏显示当前油温，也可以用专用温度计测量当前油温。接着调节调速旋钮，将主轴转速调至实验报告表7-2中所列的建议转速，分别记录该挡转速下的 F 值(轴瓦压力传感器测量值)及其对应的实际转速。注意每次调节转速后让实验台运转1～2 min，待测得数据基本不变时方可记录该数据。在上述测量结束后，记录当前润滑油的温度为 $t_{束}$。

(2) 将外载荷降至(0.50±0.05)kN，重新将主轴转速调至330～335 r/min，重复步骤(1)的操作。

6. 实验结束，按照规定步骤关闭实验台：逆时针旋转螺旋加载杆，卸掉轴瓦外载荷，即螺旋加载杆与压力传感器脱离；逆时针旋转调速旋钮，将主轴转速调至0；按下实验台电源按钮，关闭实验台电源；关闭计算机。

【实验报告】

请同学们根据以上所有操作和自己的思考完成实验报告。

滑动轴承综合性能分析实验报告

班　级	姓　名	学　　号	专　　业	实验日期

<table>
<tr><th colspan="6">实验成绩构成表</th></tr>
<tr><td rowspan="2">必要
内容</td><td colspan="2">实验预习(实验前)</td><td colspan="2">实验完成(实验现场)
无教师签字无成绩</td><td>实验报告(实验后)
无实验报告无成绩</td><td>总成绩</td></tr>
<tr><td colspan="2"></td><td colspan="2"></td><td></td><td rowspan="3"></td></tr>
<tr><td rowspan="2">奖惩
内容</td><td>加分项</td><td colspan="2"></td><td colspan="2">老师证明签字:</td></tr>
<tr><td>减分项</td><td colspan="2"></td><td colspan="2">老师证明签字:</td></tr>
</table>

一、实验概述及实验设备

二、实验原理

三、实验步骤

四、实验任务

1. 实验数据记录与计算

表 7-1　油膜压力测量数据表

序号	T /kN	径向压力传感器测量值/kPa							轴向压力传感器测量值/kPa	
		p_1	p_2	p_3	p_4	p_5	p_6	p_7	p_4	p_8
1										
2										

表 7－2　轴承特性系数测量数据表

<table>
<tr><td>序号</td><td colspan="4">实验记录数据</td><td colspan="2">计算或者查图数据</td></tr>
<tr><td rowspan="12">1</td><td colspan="4">外载荷 $T=$ 　　kN</td><td colspan="2">平均油温 $t_{均}=$ 　　℃</td></tr>
<tr><td colspan="2">起始温度 $t_{始}=$ 　　℃</td><td colspan="2">结束温度 $t_{束}=$ 　　℃</td><td colspan="2">$\mu=$ 　　Pa・s
（根据 $t_{均}$ 并查图 7－6 取得）</td></tr>
<tr><td>序号</td><td>建议转速
/(r/min)</td><td>实际转速
/(r/min)</td><td>F/N</td><td>f</td><td>λ</td></tr>
<tr><td>1</td><td>330～335</td><td></td><td></td><td></td><td></td></tr>
<tr><td>2</td><td>285～290</td><td></td><td></td><td></td><td></td></tr>
<tr><td>3</td><td>240～245</td><td></td><td></td><td></td><td></td></tr>
<tr><td>4</td><td>195～200</td><td></td><td></td><td></td><td></td></tr>
<tr><td>5</td><td>150～155</td><td></td><td></td><td></td><td></td></tr>
<tr><td>6</td><td>105～110</td><td></td><td></td><td></td><td></td></tr>
<tr><td>7</td><td>60～65</td><td></td><td></td><td></td><td></td></tr>
<tr><td>8</td><td>5～20</td><td></td><td></td><td></td><td></td></tr>
<tr><td colspan="6"></td></tr>
<tr><td rowspan="11">2</td><td colspan="4">外载荷 $T=$ 　　kN</td><td colspan="2">平均油温 $t_{均}=$ 　　℃</td></tr>
<tr><td colspan="2">起始温度 $t_{始}=$ 　　℃</td><td colspan="2">结束温度 $t_{束}=$ 　　℃</td><td colspan="2">$\mu=$ 　　Pa・s
（根据 $t_{均}$ 并查图 7－6 取得）</td></tr>
<tr><td>序号</td><td>建议转速
/(r/min)</td><td>实际转速
/(r/min)</td><td>F/N</td><td>f</td><td>λ</td></tr>
<tr><td>1</td><td>330～335</td><td></td><td></td><td></td><td></td></tr>
<tr><td>2</td><td>285～290</td><td></td><td></td><td></td><td></td></tr>
<tr><td>3</td><td>240～245</td><td></td><td></td><td></td><td></td></tr>
<tr><td>4</td><td>195～200</td><td></td><td></td><td></td><td></td></tr>
<tr><td>5</td><td>150～155</td><td></td><td></td><td></td><td></td></tr>
<tr><td>6</td><td>105～110</td><td></td><td></td><td></td><td></td></tr>
<tr><td>7</td><td>60～65</td><td></td><td></td><td></td><td></td></tr>
<tr><td>8</td><td>5～20</td><td></td><td></td><td></td><td></td></tr>
</table>

2. 实验数据曲线绘制

(1) 油膜压力分布曲线(径向油膜压力分布曲线含 p_m 值)

① 外载荷为(0.50±0.05)kN 时的径向油膜压力分布曲线与轴向油膜压力分布曲线

② 外载荷为(0.70±0.05)kN 时的径向油膜压力分布曲线与轴向油膜压力分布曲线

(2) 摩擦特性曲线($f-\lambda$ 曲线)(两次测量数据绘制在同一坐标系中)

五、预习思考题解答

六、实验结论或者心得

实验 8　减速器装拆与结构分析

实验学时：2　　**实验类型**：设计　　**实验要求**：必修
实验手段：线上教学＋教师讲授＋学生独立操作

【实验概述】

本实验是机械设计课程的核心实验之一，通过本实验项目拟达到以下实验目的：

(1) 掌握减速器的类型及特点；

(2) 掌握减速器箱体、轴、齿轮等主要零件的结构及减速器附件的功用；

(3) 掌握减速器各零件的装配关系及调整方式，以及齿轮与轴承的润滑、密封方式；

(4) 测量典型减速器的主要参数。

本实验涉及以下实验设备：

(1) 展开式双级圆柱齿轮减速器、分流式双级圆柱齿轮减速器、同轴式双级圆柱齿轮减速器、单级圆锥齿轮减速器、圆锥-圆柱齿轮减速器、蜗杆上置式减速器、蜗杆下置式减速器、摆线针轮减速器、谐波齿轮减速器等共计 16 台；

(2) 开口扳手、游标卡尺、活动扳手、钢直尺等；

(3) 学生自备的绘图工具、文具等。

【预习思考题】

1. 列举至少 3 种生产、生活中使用减速器工作的场合。
2. 减速器工作时是否需要润滑？若需要，则哪些零配件工作时需要润滑？
3. 减速器是否需要密封？若需要，则哪些部位需要密封？
4. 分析定位销的功用。
5. 分析起盖螺钉的工作原理。

【实验原理】

常用减速器的类型有圆柱齿轮减速器、圆锥齿轮减速器、圆锥-圆柱齿轮减速器和蜗杆减速器等。圆柱齿轮减速器传递平行轴的传动，其传递功率可以从很小到数万千瓦，齿轮圆周速度可以从很低到 60～70 m/s，该类型减速器的加工工艺简单、精度较易保证，一般工厂均能制造，故应用较广泛。单级圆柱齿轮减速器的传动比一般小于 8，双级圆柱齿轮减速器的传动比一般为 8～40，多级圆柱齿轮减速器的传动比一般大于 40。

双级圆柱齿轮减速器按其传动布置形式可分为展开式、分流式、同轴式。其中，展开式最为简单，但因齿轮相对于轴承不对称布置，故引起载荷沿齿宽分布不均匀，如图 8－1 所示；分流式的齿轮相对于轴承对称布置，使受力分布较均匀，另外高速级的齿轮可采用一对斜齿轮，一个为左旋，另一个为右旋，使轴向力可相互抵消，如图 8－2 所示；同轴式的输入轴和输出轴在同一轴线上，使箱体的长度缩短，而减速器的轴向尺寸和质量较大、中间轴较长、刚度较差，如图 8－3 所示。

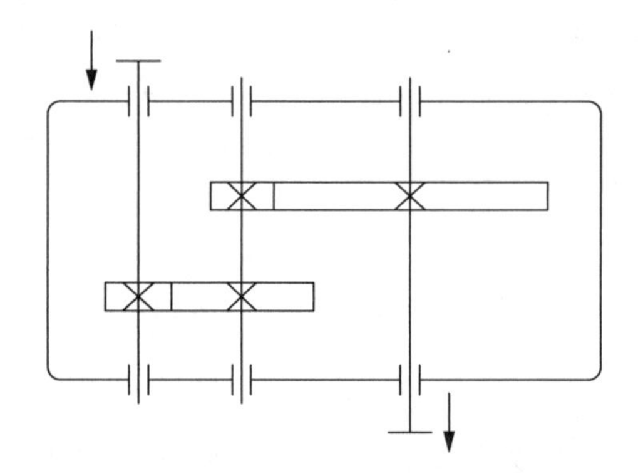

图 8－1　展开式双级圆柱齿轮减速器

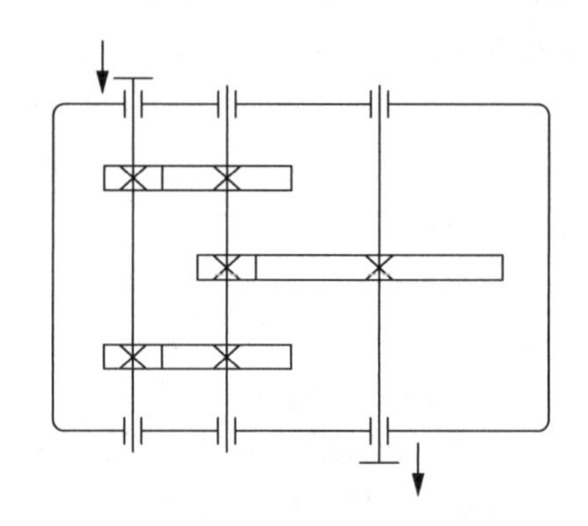

图 8－2　分流式双级圆柱齿轮减速器

圆锥齿轮减速器传递相交轴的传动，其承载能力低于圆柱齿轮减速器，齿轮圆周速度一般小于 5 m/s，传动比一般小于 4，应用不如圆柱齿轮减速器那样广泛。单级圆锥齿轮减速器如图 8－4 所示。在圆锥-圆柱齿轮减速器中，为了使圆锥齿轮受力减小，将圆锥齿轮放在高速级，小圆锥齿轮往往采用悬臂式安装，该类型减速器的传动比一般小于 22。圆锥-圆柱齿轮减速器如图 8－5 所示。

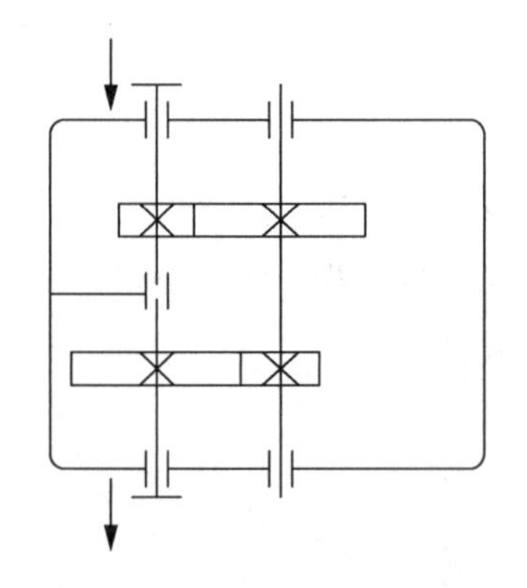

图 8－3　同轴式双级圆柱齿轮减速器

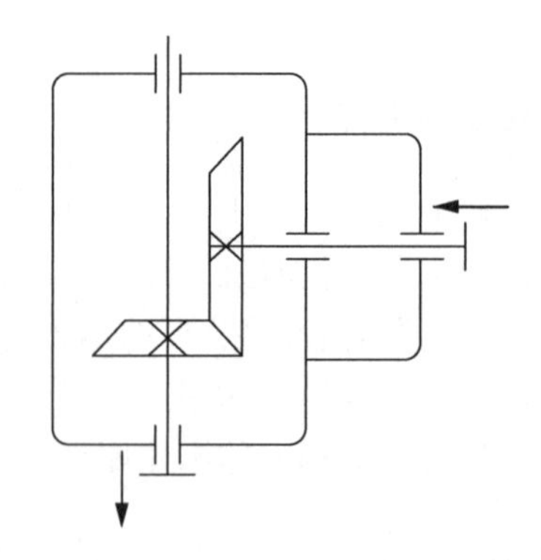

图 8－4　单级圆锥齿轮减速器

蜗杆减速器传递交错轴的传动，其传动比一般大于 10，结构紧凑，但效率低，功率不大于 50 kW。蜗杆减速器有上置蜗杆和下置蜗杆两种不同的形式，也有蜗杆布置在蜗轮侧边的少数情况。单级蜗杆减速器如图 8－6 所示。

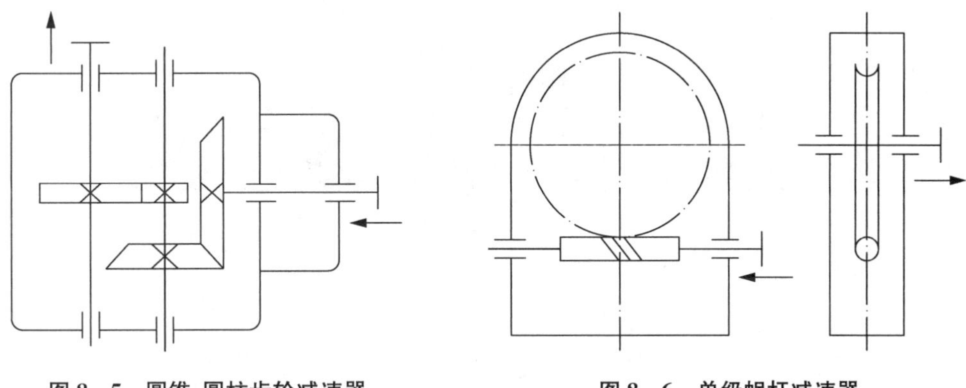

图 8-5　圆锥-圆柱齿轮减速器　　　　图 8-6　单级蜗杆减速器

【实验任务】

1. 学生分组并任选一台套已经分解的减速器进行组装，在该过程中分析减速器主要零件的结构及附件的功用，各零件的装配关系、精度、定位尺寸，齿轮和轴承润滑系统的结构、布置，输入轴、输出轴与轴承端盖之间的密封方式，轴承轴向间隙的调整方式等。

2. 拆解组装好的减速器，同时完成实验报告要求内容。

【实验注意事项】

1. 由于减速器教具的材质为塑料与铸铝，因而装拆过程中不可使用工具重砸、敲等，徒手装拆即可，同时注意安全，防止重物掉落伤及人身。

2. 减速器教具共有 5 种不同的类型，不同拆装平台上的减速器教具的类型不同，故零件不通用，切忌弄混，注意保护零件不丢失。

【实验步骤】

1. 认识减速器。根据课前预习内容(线上课程教学视频)、实验室减速器教具、3D 教学图板，以及图 8-7、图 8-8 等认识减速器。

(1) 判断所选减速器为何种类型的减速器及其级数，以及输入轴与输出轴分别是什么。

(2) 观察外部附件，了解起吊装置、定位销、起盖螺钉、油标、放油塞、通气器等的作用并判断各自的位置。

(3) 思考箱体、箱盖上为什么要设计筋板，筋板的作用是什么，筋板应如何布置。

(4) 仔细观察轴承座的结构和形状，思考凸台高度应如何确定。

(5) 思考起盖螺钉的作用是什么，它与普通螺钉的结构有什么不同。

(6) 分析定位销的功用。

2. 装配减速器下箱体，并分析齿轮传动结构。减速器下箱体零件包括轴、键、齿轮、挡

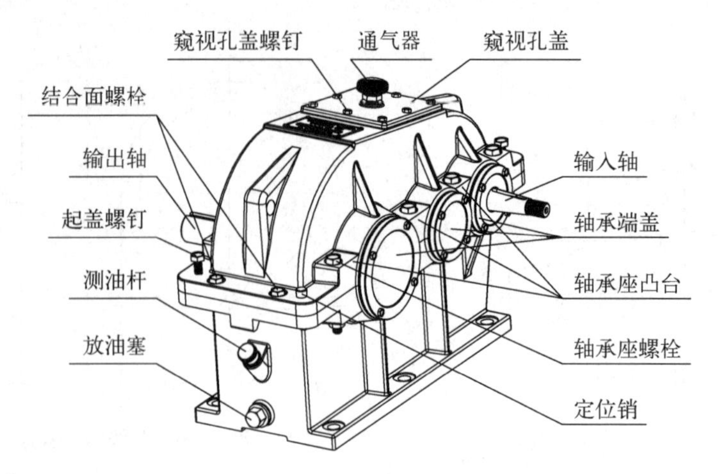

图 8-7　典型双级圆柱齿轮减速器

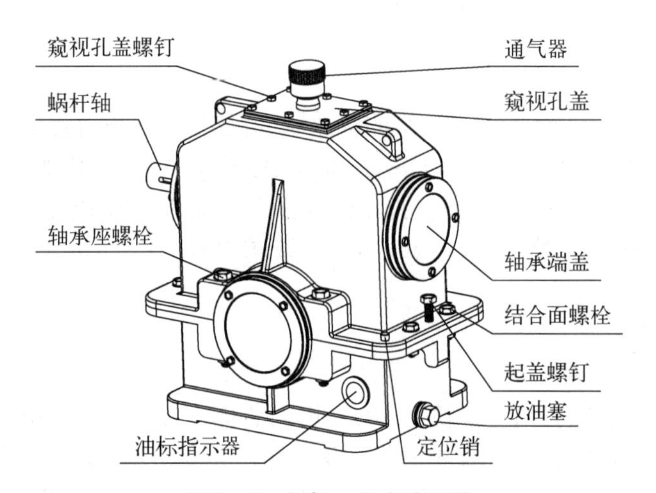

图 8-8　蜗杆上置式减速器

油环(轴套)、轴承等,一般情况下,轴上零件的装配顺序如图 8-9 所示。图 8-10 和图8-11 分别是常见轴系结构装配图和常见轴系结构分解图,图 8-12 是同轴式双级圆柱齿轮减速器下箱体装配示例图。

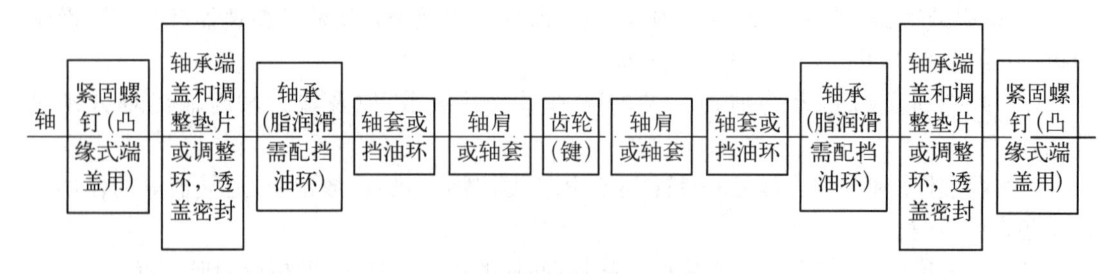

图 8-9　轴上零件顺序图

3. 请指导老师检查减速器下箱体装配状态,若无误,则进行下一步。

4. 装配减速器上箱体及相关零件,如轴承座螺栓、结合面螺栓、起盖螺钉、油标、放油塞、定位销等。注意螺栓、螺钉等零件没有必要拧紧,以防止螺纹过早失效。

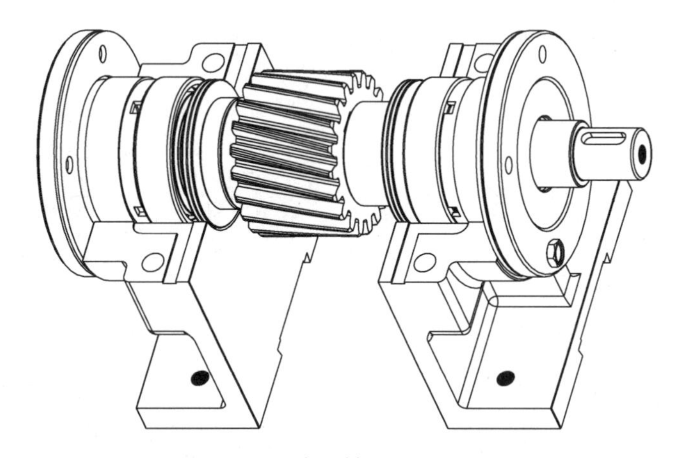

图 8－10　常见轴系结构装配图

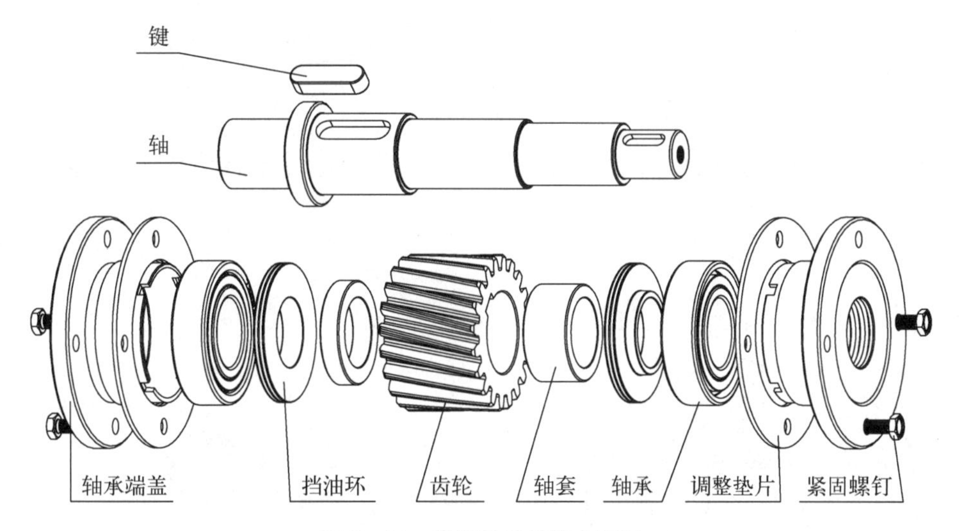

图 8－11　常见轴系结构分解图

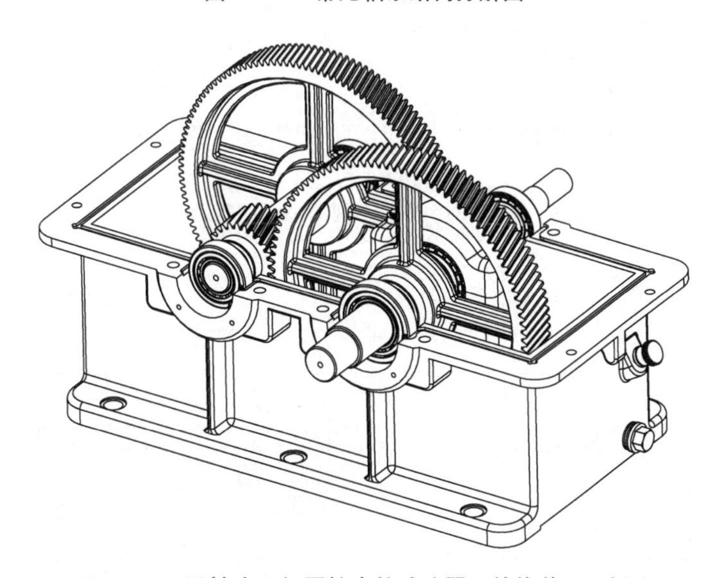

图 8－12　同轴式双级圆柱齿轮减速器下箱体装配示例图

5. 拆卸已经装配的减速器并进行测量，完成实验报告表 8-4～表 8-6 中内容。相关内容可参见图 8-13～图 8-16 和表 8-1～表 8-3。

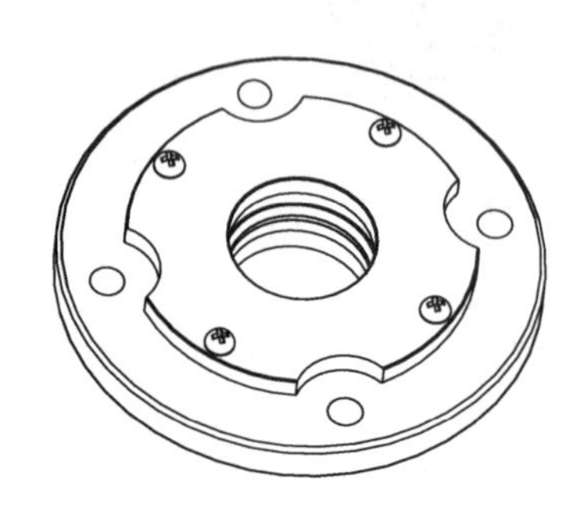

图 8-13　橡胶皮碗式密封(装配图)

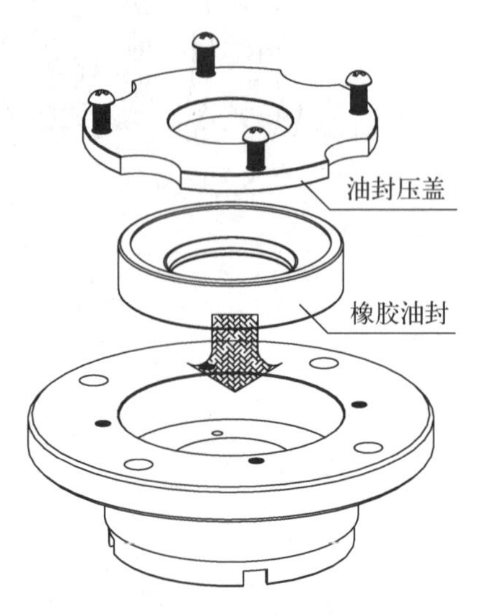

图 8-14　橡胶皮碗式密封(爆炸图)

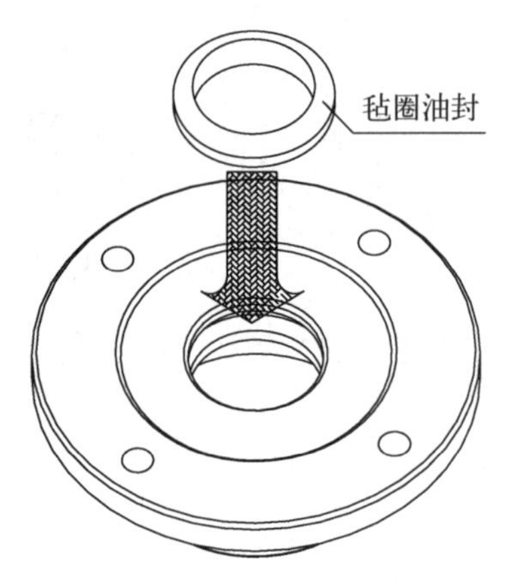

图 8-15　毡圈式密封

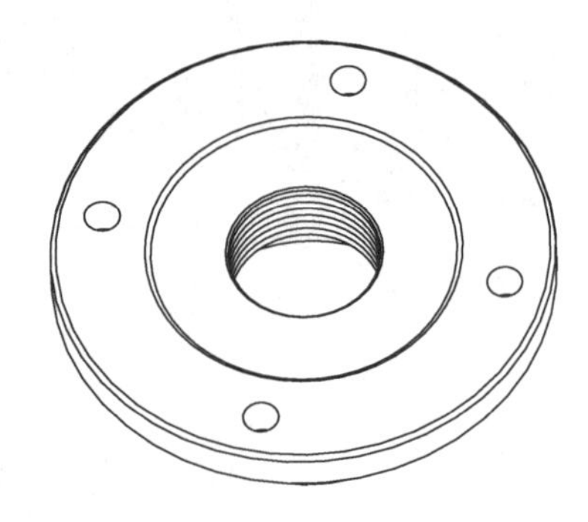

图 8-16　圈形间隙式密封(注意中间结构)

表 8-1　部分 62*XX* 系列的轴承内径及附图

型号	6206	6207	6208	…	装 配 图	部分零件分解图(爆炸图)
轴承内径 d/mm	30	35	40	…		

注：6—深沟球轴承；2—轻系列；$XX = d/5$。

表 8-2 部分 302XX 系列的轴承内径及附图

型号	30206	30207	30208	…	装配图	部分零件分解图(爆炸图)
轴承内径 d/mm	30	35	40	…		

注：3—圆锥滚子轴承；2—轻系列；$XX=d/5$。

表 8-3 部分 72XX 系列的轴承内径及附图

型号	7206	7207	7208	…	装配图	部分零件分解图(爆炸图)
轴承内径 d/mm	30	35	40	…		

注：7—角接触球轴承；2—轻系列；$XX=d/5$。

6. 请指导老师检查测量结果，若无误，则进行下一步。

7. 将减速器各零件归类摆放整齐，将工具摆放整齐；请指导老师检查游标卡尺等工具是否完好；请指导老师验收并在实验报告上签字，实验结束。

【实验报告】

请同学们根据以上所有操作和自己的思考完成实验报告。

减速器装拆与结构分析实验报告

班　级	姓　名	学　　号	专　　业	实验日期

<table>
<tr><td colspan="6">实验成绩构成表</td></tr>
<tr><td rowspan="2">必要
内容</td><td colspan="2">实验预习(实验前)</td><td>实验完成(实验现场)
无教师签字无成绩</td><td>实验报告(实验后)
无实验报告无成绩</td><td>总成绩</td></tr>
<tr><td colspan="2"></td><td></td><td></td><td rowspan="3"></td></tr>
<tr><td rowspan="2">奖惩
内容</td><td>加分项</td><td></td><td colspan="2">老师证明签字：</td></tr>
<tr><td>减分项</td><td></td><td colspan="2">老师证明签字：</td></tr>
</table>

一、实验概述及实验设备

二、实验原理

三、实验步骤

四、实验任务

1. 减速器类型与名称：____________________。
2. 圆柱齿轮减速器主要参数分析与测量

表 8-4　圆柱齿轮减速器主要参数分析与测量表

名　　称	第 1 轴 （输入轴或称高速轴，一般为直径最小的轴）	第 2 轴 （中间轴）		第 3 轴 （输出轴或称低速轴，一般为直径最大的轴）
齿数	$z_1 =$	$z_2 =$	$z_3 =$	$z_4 =$
传动比	$i_{12} = \frac{\omega_1}{\omega_2} = \frac{z_2}{z_1} =$		$i_{34} = \frac{\omega_3}{\omega_4} = \frac{z_4}{z_3} =$	
总传动比	$i_{14} = i_{12} \times i_{34} =$			

续　表

名　　称	第1轴 (输入轴或称高速轴,一般为直径最小的轴)	第2轴 (中间轴)	第3轴 (输出轴或称低速轴,一般为直径最大的轴)
中心距(须圆整)	mm		mm
轴承类型 (参见表8-1～表8-3)			
轴承润滑方式			
轴承透盖密封方式 (参见图8-13～图8-16)			

3. 蜗杆减速器主要参数分析与测量

表8-5　蜗杆减速器主要参数分析与测量表

名　　称	蜗　　杆　　轴	蜗　　轮　　轴
齿数(头数)	$z_1 =$	$z_2 =$
传动比	$i_{12} = \dfrac{\omega_1}{\omega_2} = \dfrac{z_2}{z_1} =$	
中心距(须圆整)	mm	
轴承类型 (参见表8-1～表8-3)		
轴承润滑方式		
轴承透盖密封方式 (参见图8-13～图8-16)		

4. 减速器附件螺纹测量

表8-6　减速器附件螺纹测量表

放油塞	轴承座螺栓	结合面螺栓	起盖螺钉	窥视孔盖螺钉
M	M	M	M	M

注:“M”表示测量对象螺纹的公称直径,测量结果应尽量符合第一系列,如M2、M2.5、M3、M4、M5、M6、M8、M10、M12、M16等。

5. 减速器传动简图绘制

五、预习思考题解答

六、实验结论或者心得

实验 9　轴系结构综合设计

实验学时：16　　**实验类型**：设计　　**实验要求**：选修
实验手段：线上教学＋教师讲授＋学生独立操作

【实验概述】

通过本实验项目拟达到以下实验目的：

(1) 掌握机械传动装置中滚动轴承支承轴系结构的基本类型与应用场合；

(2) 根据各种不同的工作条件，掌握滚动轴承支承轴系结构设计的基本方法；

(3) 通过模块化轴系结构组装实践，进一步掌握滚动轴承支承轴系结构的工艺性、标准化以及轴承的润滑与密封等知识；

(4) 正确处理轴、轴承与轴上零件之间的相互关系，如掌握轴、轴承和轴上零件的定位、固定、装拆、调整方式等，建立对轴系结构的感性认识，从而加深对轴系结构设计理论的理解。

本实验涉及以下实验设备：

(1) 组合式轴系结构设计与分析实验箱，包括圆柱齿轮轴系、圆锥齿轮轴系、蜗杆轴系等 9 类 65 种 168 件零件的实物模型(见后文表 9－3)；

(2) 钢板尺、游标卡尺等；

(3) 学生自备的绘图工具、文具等。

【预习思考题】

1. 为什么轴通常要做成中间大、两头小的阶梯形状？如何区分轴上轴颈、轴头和轴身各轴段，它们的尺寸是如何确定的？

2. 滚动轴承轴系支点固定采用何种结构形式？试具体说明理由。轴的受热伸长问题是如何考虑与处理的？

3. 轴承和轴上零件在轴上的轴向位置是如何固定的？轴系中是否采用了卡圈、挡圈、锁紧螺母、紧定螺钉、压板、定位套筒等零件，它们的作用是什么？

4. 传动零件和轴承采用何种润滑方式？轴承采用何种密封装置，有何特点？

5. 轴承游隙是如何调整的，调整方式有何特点？

6. 试根据零件的结构特征分析轴系各零件所选用的材料。

【实验原理】

轴系主要包括轴、轴承和轴上零件，它是机器的重要组成部分。

轴的主要功用是支持旋转零件和传递扭矩。它与轴承孔配合的轴段称为轴颈，安装传动件轮毂的轴段称为轴头，连接轴颈和轴头的轴段称为轴身。轴颈表面和轴头表面都是配合表面，须具有相应的加工精度和表面粗糙度。

轴的设计，一方面要保证轴有足够的工作能力，即满足强度、刚度和振动稳定性等要求；另一方面要根据制造、装拆、使用等要求确定轴的合理外形和全结构尺寸，即进行轴的结构设计。通常，轴的结构设计应满足：使轴的受力合理，既有利于提高轴的强度和刚度，也有利于节约材料和减轻质量；使轴上零件定位准确、固定可靠，并且便于装拆与调整；具有良好的加工和装配工艺性等。

轴承是轴的支承，主要分为滚动轴承和滑动轴承两大类。滚动轴承已标准化，设计时只需根据工作条件选择合适的类型和尺寸，并进行轴承装置的设计。在分析和设计滚动轴承装置时，应主要考虑：保证支承部分的刚性和同心度；便于调整轴承游隙及轴上零件的位置；便于轴承的安装和拆卸；定位与紧固要可靠；满足润滑与密封可靠、必要的冷却条件；配合时选择合理、合适的预紧措施等。

1. 滚动轴承轴系支点固定的结构形式

为保证滚动轴承轴系能正常传递轴向力且不发生轴向窜动，需合理地设计其轴系支点的轴向固定结构，常用的形式如下。

(1) 两端单向固定

如图 9-1 所示，用左、右两个轴承端盖各限制轴在一个方向上的移动，合起来就限制轴的双向移动，这种形式适用于工作温度不高的短轴。考虑到工作时轴总是会因受热而伸长，为补偿轴的受热伸长，在安装轴承时，轴承外圈的端面和端盖之间应留出 0.2～0.4 mm 的补偿间隙(此间隙很小，图中一般不画出)，间隙量常用垫片或调整螺钉进行调节。

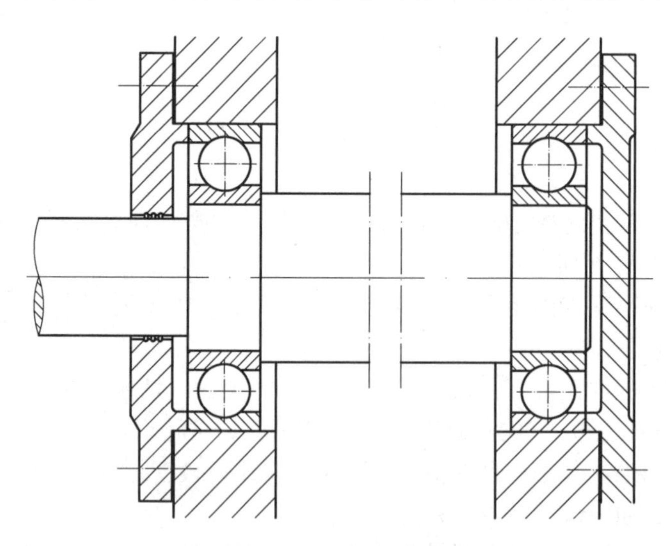

图 9-1　两端单向固定

（2）一端双向固定、一端游动

这种形式应用于轴较长或轴温较高的情况。如图 9－2 所示，当采用这种结构形式时，一定要注意游动端轴承外圈与轴承孔的配合应松一些，以保证轴能够游动。

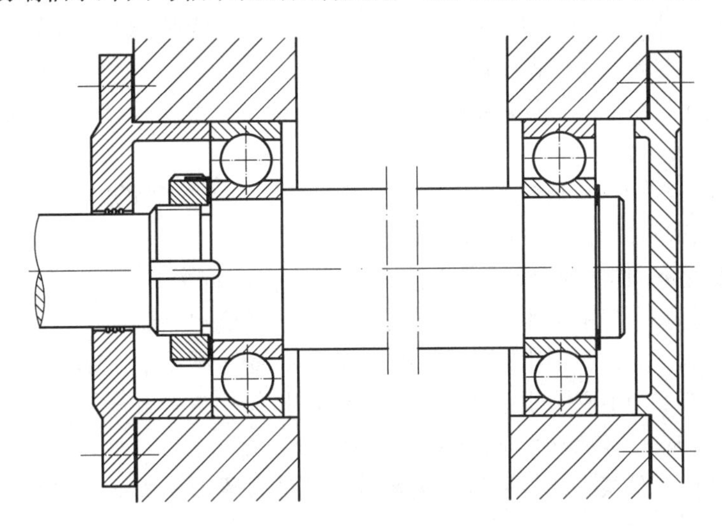

图 9－2　一端双向固定、一端游动

（3）两端游动

这种形式常用在人字齿轮轴上。由于主动和从动人字齿轮的左、右螺旋角很难做成完全一致，若两轴都做成轴向固定式，则齿轮极可能卡死或两侧受力不均，因而一般是将比较轻便的高速轴做成能够左右游动的形式。如图 9－3 所示，轴在双向轴向力的作用下自行定位，达到平衡位置。

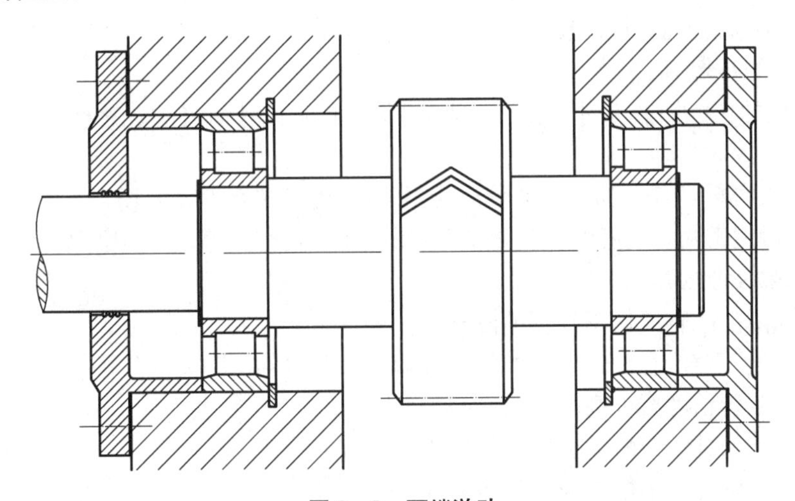

图 9－3　两端游动

2. 滚动轴承的定位与紧固

滚动轴承在轴上通常采用轴肩或套筒进行轴向定位，定位端面应与轴线保持良好的垂直度。滚动轴承的径向定位靠外圈与轴承孔的配合来实现。轴向定位和紧固的方法有很多，需要恰当选择，选择的依据包括轴承的类型、转速的高低、是否传递轴向力及轴向力的大小，以及是固定端还是游动端等。

(1) 滚动轴承内圈轴向定位的常用方法有轴肩定位、圆锥面定位和紧定衬套定位等，紧固的方法请参见《机械设计》教材。

(2) 滚动轴承外圈在箱体孔内的定位方法有孔内凸肩定位、螺纹环或轴承端盖定位(兼作紧固)、孔用弹性挡圈定位(兼作紧固)等。

滚动轴承内、外圈的定位面必须精细加工，应有形位精度要求，以保证轴承的正常工作。

3. 轴承类型的选择

(1) 当 n 高、载荷小、旋转精度高时，应选球轴承。(n——轴的转速)

(2) 当 n 低、载荷或冲击载荷大时，应选滚子轴承。

(3) 当主要受 F_r 作用时，应选向心轴承。(F_r——径向力)

(4) 当主要受 F_a 作用、n 不高时，应选推力轴承。(F_a——轴向力)

(5) 当同时受 F_r 和 F_a 作用且均较大、n 较低时，应选圆锥滚子轴承。

(6) 当同时受 F_r 和 F_a 作用且均较大、n 较高时，应选角接触球轴承。

(7) 当 F_r 较大、F_a 较小时，应选深沟球轴承。

(8) 当 F_r 较小、F_a 较大时，应选深沟球轴承和推力球轴承或角接触推力轴承。

4. 轴承游隙和轴系轴向位置的调整

(1) 轴承游隙的调整：利用带螺纹的零件或端盖下的垫片。

(2) 轴系轴向位置的调整：先将轴承装入套环中，再将套环装入座孔中，通过调整套环端面与轴承座端面之间的垫片厚度来调整锥齿轮和蜗杆的位置。

5. 轴承的润滑和密封

(1) 轴承的润滑

润滑的目的在于减少轴承的摩擦和磨损，还有吸振、冷却、防锈、密封等作用。一般根据 d、n 值的大小选用油润滑或脂润滑。(d——轴承内径)

(2) 轴承的密封

密封的目的在于防止灰尘、水分浸入轴承和防止润滑剂流失。密封的方法可分为两大类：

① 接触式密封，如毡圈油封、橡胶油封等，一般用于转速不高的场合；

② 非接触式密封，如油沟密封、甩油环密封、迷宫式密封等，一般用于转速较高的场合。

6. 轴承配合的选择原则

(1) 转动圈的配合应比不动圈的配合松一些。

(2) 当高速、重载、有冲击、振动时，配合应紧一些；当载荷平稳时，配合应松一些。

(3) 当对旋转精度要求高时，配合应紧一些。

(4) 常拆卸的轴承或游动套圈应取较松的配合。

(5) 与空心轴配合的轴承应取较紧的配合。

【实验任务】

1. 设计一种典型轴系结构(可参考表 9-1 或者后文图 9-4～图 9-10)，并分析轴和轴上零件的形状及功用，轴承的类型及安装、固定与调整方式，润滑和密封装置的类型及结构特点等(可参考后文图 9－11～图 9－24)。轴承组合设计要合理,注意轴承的装拆工艺、轴承的润滑与密封、轴承游隙的调整等。

表 9－1　实验箱内零件组合轴系结构方案

<table>
<tr><th>序　号</th><th>齿　轮</th><th>轴　承</th><th>支点固定</th><th>端　盖</th><th>润　滑</th></tr>
<tr><td>1</td><td rowspan="3">直齿轮</td><td rowspan="3">6206</td><td rowspan="3">两固式</td><td>凸缘式</td><td>脂润滑</td></tr>
<tr><td>2</td><td>嵌入式</td><td>脂润滑</td></tr>
<tr><td>3</td><td>凸缘式</td><td>油润滑</td></tr>
<tr><td>4</td><td rowspan="2">斜齿轮</td><td>7206AC</td><td rowspan="2">两固式
轴承正装</td><td>凸缘式</td><td>油润滑</td></tr>
<tr><td>5</td><td>30206</td><td>凸缘式</td><td>油润滑</td></tr>
<tr><td>6</td><td rowspan="2">锥齿轮轴</td><td rowspan="3">30206</td><td>两固式轴承正装</td><td rowspan="3">凸缘式
＋
套环</td><td rowspan="3">脂润滑</td></tr>
<tr><td>7</td><td>两固式轴承反装</td></tr>
<tr><td>8</td><td>锥齿轮</td><td>两固式轴承正装</td></tr>
<tr><td>9</td><td>蜗杆 A</td><td>7206AC</td><td>两固式</td><td rowspan="2">凸缘式
＋
套环</td><td rowspan="2">脂润滑</td></tr>
<tr><td>10</td><td>蜗杆 B</td><td>7206AC
6206</td><td>一固一游式轴承正装</td></tr>
</table>

2. 测量所设计、组装的轴系结构中各零件与结构尺寸,并绘制轴系结构装配图,标注必要的尺寸和配合,列出标题栏和明细表,参见后文图 9－25。

【实验步骤】

1. 明确实验内容,理解设计要求。
2. 复习有关轴的结构设计和轴承组合设计的内容与方法。
3. 构思轴系结构方案。

(1) 根据齿轮类型选择滚动轴承型号,并确定支承轴向固定方式(两端单向固定,一端双向固定、一端游动,两端游动)。

(2) 分析方案所需轴的各部分结构、形状、尺寸,以及轴的强度、刚度与装配的关系。

(3) 分析轴上零件的定位与固定、轴承游隙的调整等问题。

(4) 选择轴承端盖(凸缘式、嵌入式)与支座,并考虑透盖处密封方式(毡圈式密封、皮碗式密封、油沟密封等)。

(5) 根据齿轮圆周速度(高、中、低)确定轴承润滑方式(脂润滑、油润滑)。

4. 根据轴系结构方案从实验箱中选取合适零件,组装出预设的轴系结构,并检查所组装的轴系结构是否正确。

5. 测量零件尺寸和所组装轴系结构的装配尺寸,并绘制轴系结构草图。

(1) 测绘轴的各段直径、长度及主要零件的尺寸(对于拆卸困难或无法测量的某些尺寸,可以根据实物之间的相对大小和结构关系估算)。

(2) 查手册确定滚动轴承、螺纹连接件、键、密封件等有关标准件的尺寸。

6. 测绘结束后,将所组装的轴系结构细心拆卸,有序地将零件(见后文表 9-2)放入实验箱内的规定位置并排列整齐,将工具擦拭干净后放回规定位置。

7. 绘制所组装轴系结构装配图,绘图时应严格遵守制图标准,手工绘图与计算机绘图并绘图机打印均可(课后完成)。

(1) 根据测量出的各主要零件的尺寸,绘制出轴系结构装配图(不测绘底板,只测量轴承座的轴向宽度)。

(2) 要求图幅和比例(一般按 1∶1)适当、结构合理、装配关系正确、符合机械制图的规定。

(3) 对于安装轴承的机座,只要求给出与轴承和端盖相配的局部。

(4) 在图上标注必要的尺寸,主要有两支承之间的跨距、主要零件的配合尺寸等。

(5) 对各零件进行编号,并填写标题栏和明细表。

【实验报告】

请同学们根据以上所有操作和自己的思考完成实验报告。

表 9－2　浅黄色小零件箱内零件明细表(实验结束前验收)

序号	零件名称	零件图形(非按比例)	件数	验收	序号	零件名称	零件图形(非按比例)	件数	验收
1	圆螺母 M30×1.5		2		9	轴端压板		4	
2	圆螺母止动圈 ϕ 30		2		10	挡圈钳		1	
3	骨架油封 ϕ 30× ϕ 45×10		2		11	键 8×35		4	
4	无骨架油封 ϕ 30× ϕ 55×12		1		12	键 6×20		4	
5	无骨架油封压盖		1		13	单列向心球轴承 6206		2	
6	调整环		2		14	单列向心角接触球轴承 7206AC		2	
7	轴用弹性卡环 ϕ 30		2		15	单列圆锥滚子轴承 30206		2	
8	羊毛毡圈 ϕ 30		2		16	单列向心短圆柱滚子轴承 2206		2	

表 9－3　实验箱内零件明细表

序号	类别	零件名称	零件图形(非按比例)	件数	序号	类别	零件名称	零件图形(非按比例)	件数
1	齿轮类	小直齿轮		1	3	齿轮类	大直齿轮		1
2		小斜齿轮		1	4		大斜齿轮		1

续 表

序号	类别	零件名称	零件图形（非按比例）	件数	序号	类别	零件名称	零件图形（非按比例）	件数
5	齿轮类	小锥齿轮	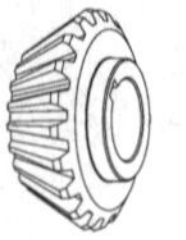	1	15	轴承端盖类	凸缘式闷盖（油用）	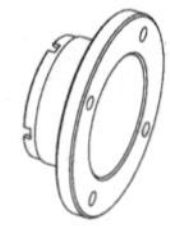	1
6	轴类	小直(斜)齿轮轴	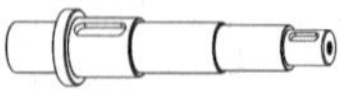	1	16		大凸缘式闷盖	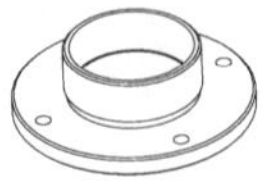	1
7		大直(斜)齿轮轴	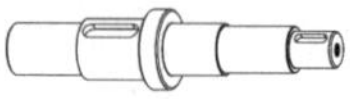	1	17		大凸缘式透盖（毡圈式）	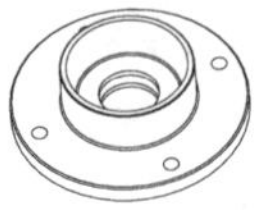	1
8		锥齿轮用轴	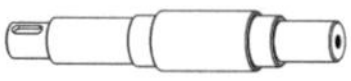	1	18		凸缘式透盖（圈形间隙式&油用）	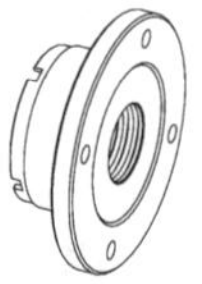	1
9		锥齿轮轴		1	19		凸缘式透盖（无骨架橡胶油封&油用）	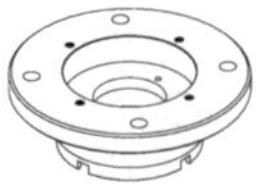	1
10		一固一游式蜗杆		1	20		凸缘式透盖（骨架橡胶油封&内&油用）	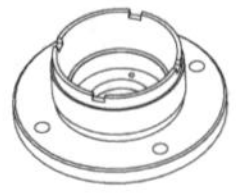	1
11		两固式蜗杆	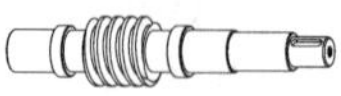	1	21		凸缘式透盖（骨架橡胶油封&外&油用）	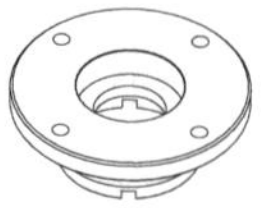	1
12	联轴器类	联轴器 A	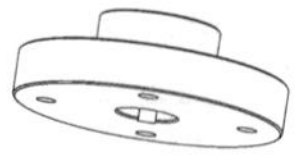	1	22		凸缘式透盖（毡圈式&脂用）	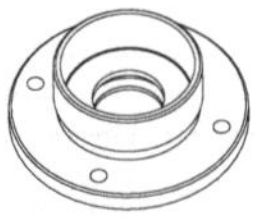	1
13		联轴器 B	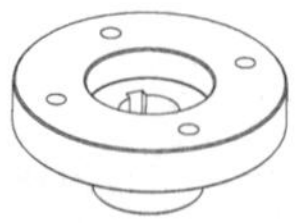	1	23		凸缘式透盖（迷宫式&脂用）	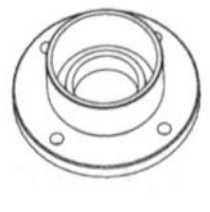	1
14	轴承端盖类	凸缘式闷盖（脂用）	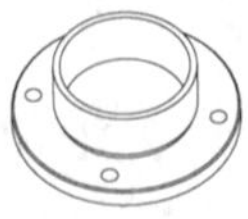	1	24		嵌入式闷盖	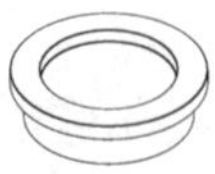	1

续　表

序号	类别	零件名称	零件图形（非按比例）	件数	序号	类别	零件名称	零件图形（非按比例）	件数
25	轴承端盖类	嵌入式透盖（圈形间隙式）	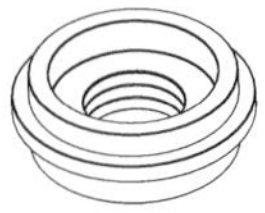	1	37	支座类	圆柱齿轮轴用支座（凸缘式与嵌入式兼用 & 油用）	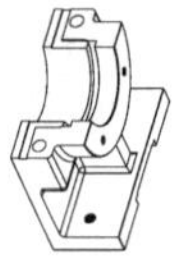	2
26		嵌入式透盖（毡圈式）		1	38		圆柱齿轮轴用支座（凸缘式与嵌入式兼用 & 脂用）	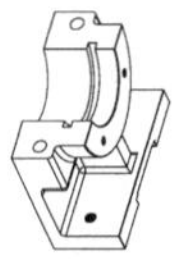	2
27	轴套类	迷宫式轴套	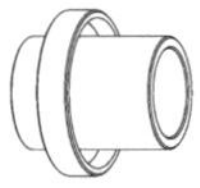	1	39		锥齿轮轴用支座		1
28		甩油环（金属标准件）		6	40		蜗杆轴用支座		1
29		挡油环（金属标准件）		4	41	轴承类	单列向心球轴承 6206（深沟球轴承）		2
30		套筒（金属标准件）		24	42		单列向心角接触球轴承 7206AC		2
31		调整环（金属标准件）	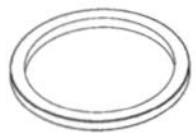	2	43		单列圆锥滚子轴承 30206		2
32		调整垫片	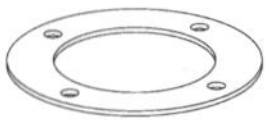	16	44		单列向心短圆柱滚子轴承 2206		2
33		轴端压板	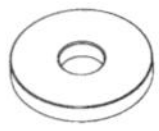	4	45	连接件及其他	键 8×35	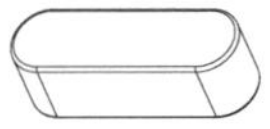	4
34	支座类	锥齿轮轴用套环（轴承正装）	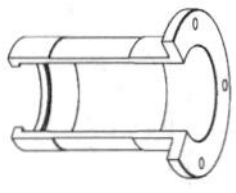	1	46		键 6×20	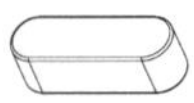	4
35		锥齿轮轴用套环（轴承反装）	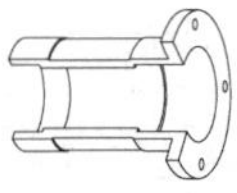	1	47		圆螺母 M30×1.5		2
36		蜗杆用套环		1	48		圆螺母止动圈 $\phi 30$	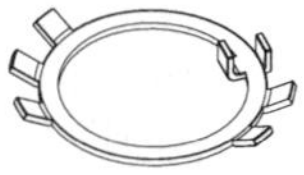	2

续 表

序号	类别	零件名称	零件图形(非按比例)	件数	序号	类别	零件名称	零件图形(非按比例)	件数
49	连接件及其他	骨架油封 $\phi30\times\phi45\times10$		2	58	连接件及其他	M4×10		4
50		无骨架油封 $\phi30\times\phi55\times12$		1	59		$\phi6$ 垫圈		10
51		无骨架油封压盖		1	60		$\phi4$ 垫圈		4
52		轴用弹性卡环 $\phi30$		2	61		组装底座		2
53		羊毛毡圈 $\phi30$		2	62	工具	双头扳手 12×14		1
54		M8×15		4	63		双头扳手 10×12		1
55		M8×25		6	64		挡圈钳		1
56		M6×25		10	65		3 寸起子		1
57		M6×35		4					

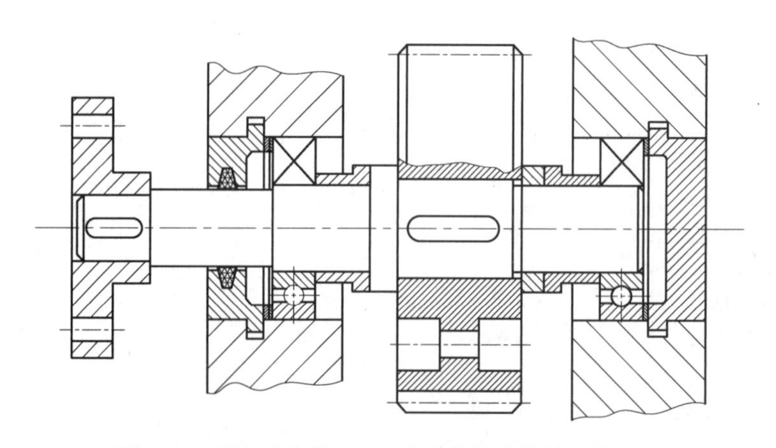

图 9-4　嵌入式端盖、6206、直齿圆柱齿轮轴系结构图

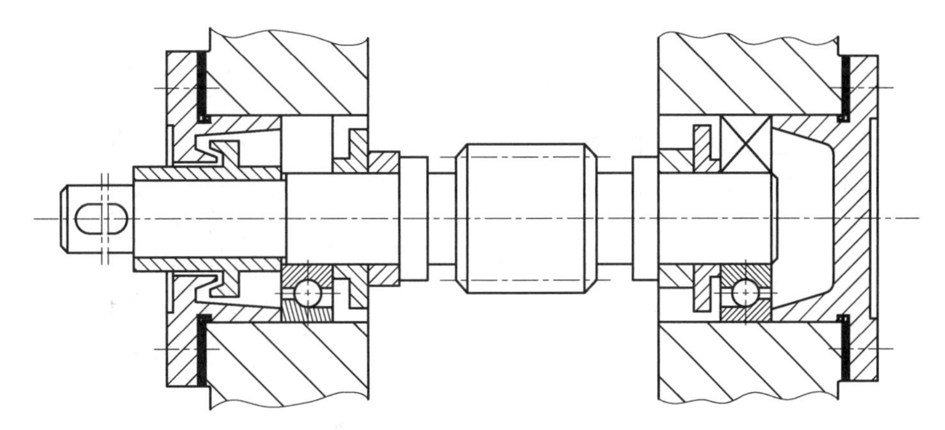

图 9-5　凸缘式端盖、7206AC、蜗杆两固式轴系结构图

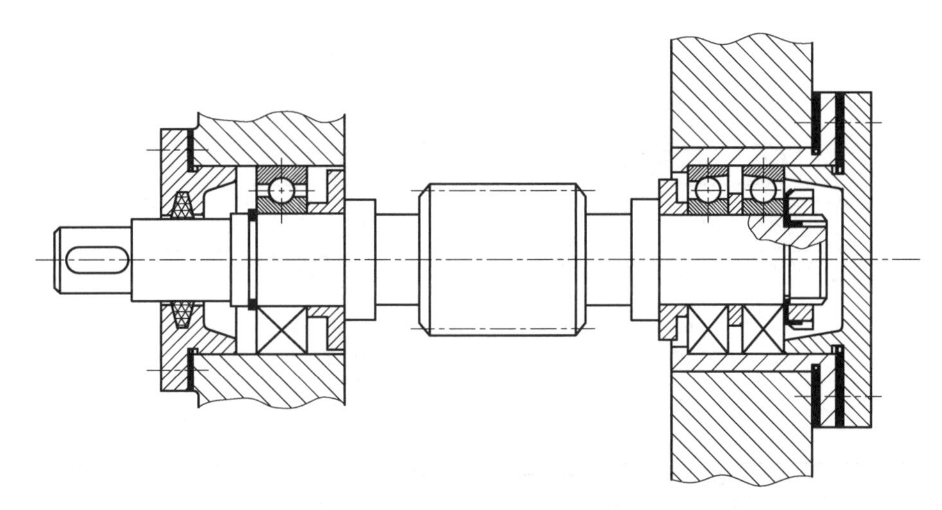

图 9-6　凸缘式端盖＋套环、6206＋7206AC、蜗杆一固一游式轴系结构图

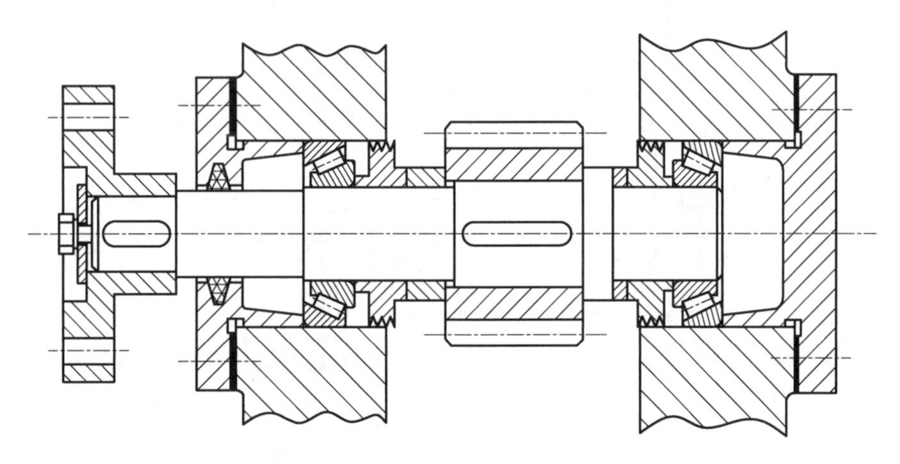

图 9-7　凸缘式端盖、毡圈式密封、30206、斜齿圆柱齿轮两固式轴系结构图

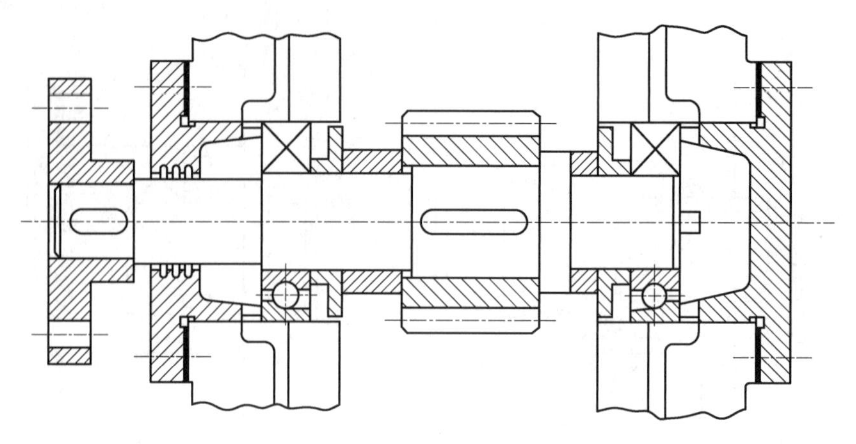

图 9-8　凸缘式端盖、圈形间隙式密封、7206AC、油润滑、斜齿圆柱齿轮两固式轴系结构图

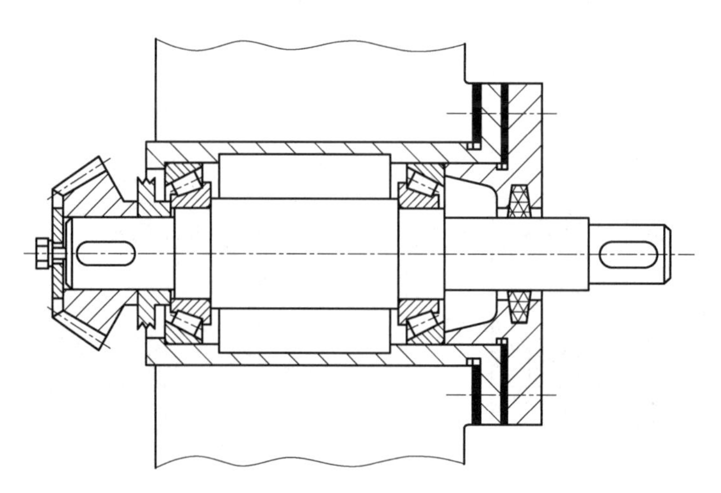

图 9-9　凸缘式端盖+套环、毡圈式密封、30206、脂润滑、圆锥齿轮两固式轴系结构图

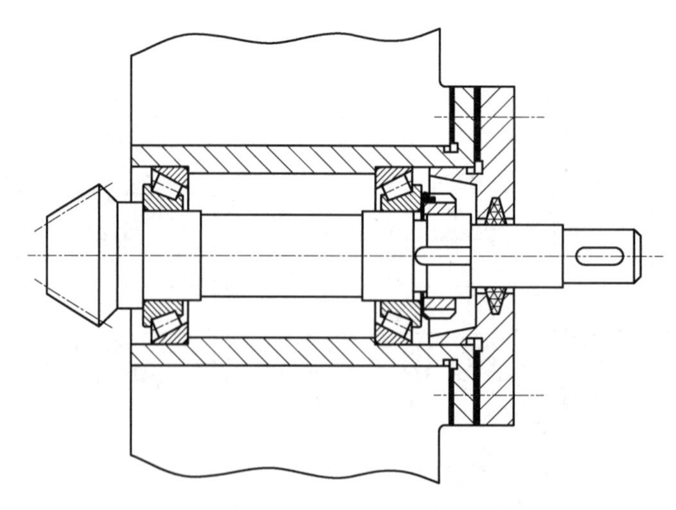

图 9-10　凸缘式端盖+套环、毡圈式密封、30206、圆锥齿轮轴一固一游式轴系结构图

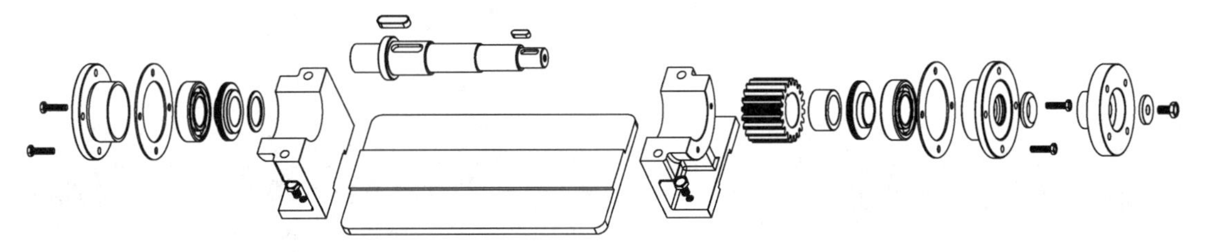

图 9－11　直齿-凸缘-两固-脂润滑轴系结构爆炸图

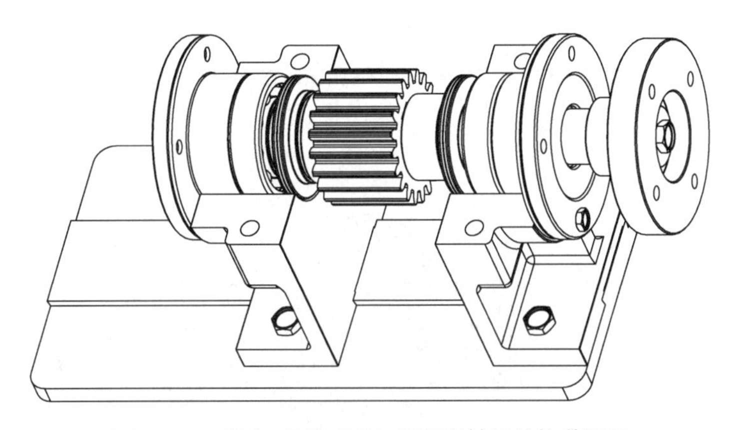

图 9－12　直齿-凸缘-两固-脂润滑轴系结构装配图

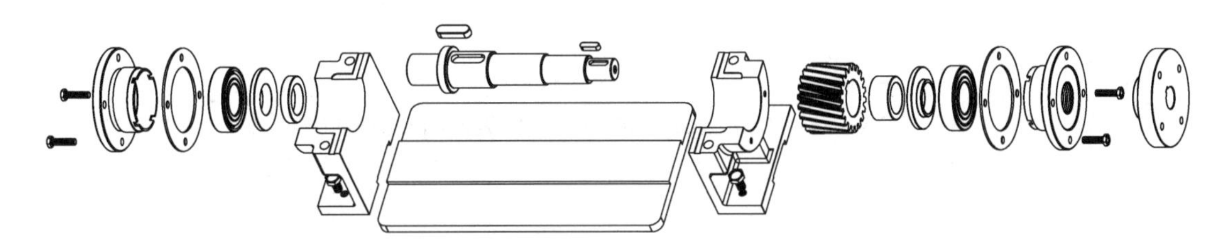

图 9－13　斜齿-凸缘-两固-油润滑轴系结构爆炸图

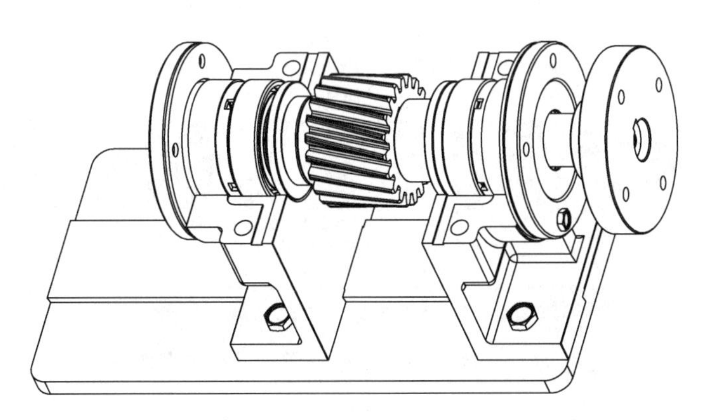

图 9－14　斜齿-凸缘-两固-油润滑轴系结构装配图

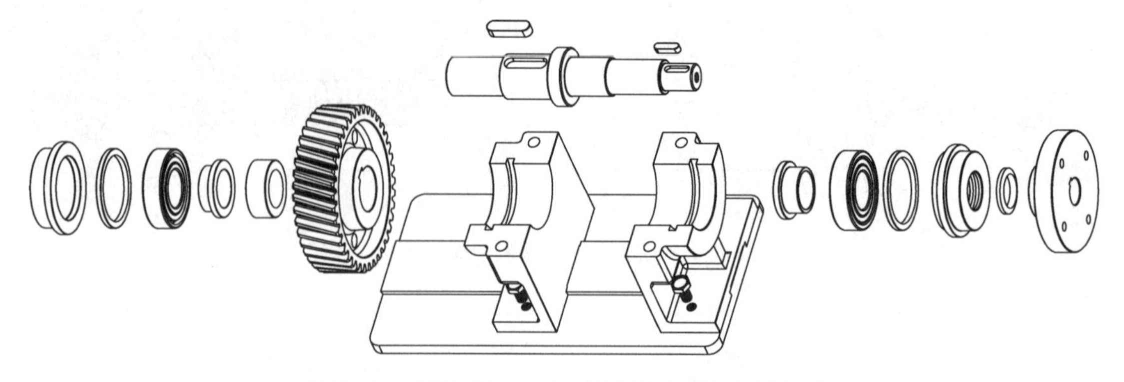

图 9－15　斜齿-嵌入-两固-脂润滑轴系结构爆炸图

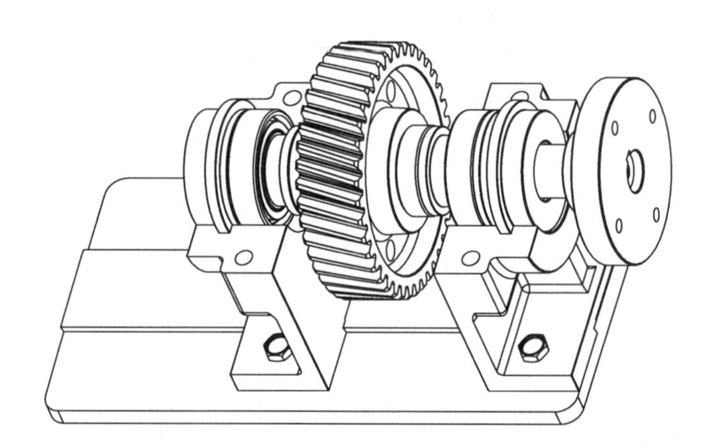

图 9－16　斜齿-嵌入-两固-脂润滑轴系结构装配图

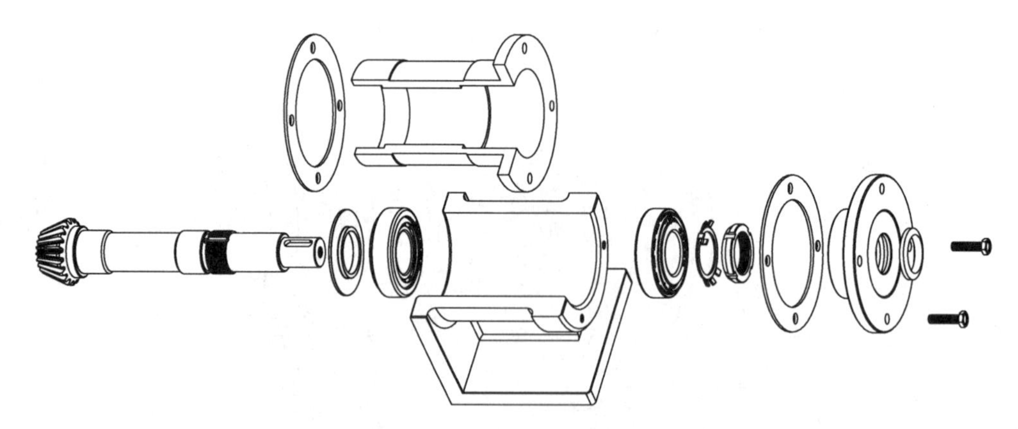

图 9－17　锥齿轮轴-凸缘-两游轴系结构爆炸图

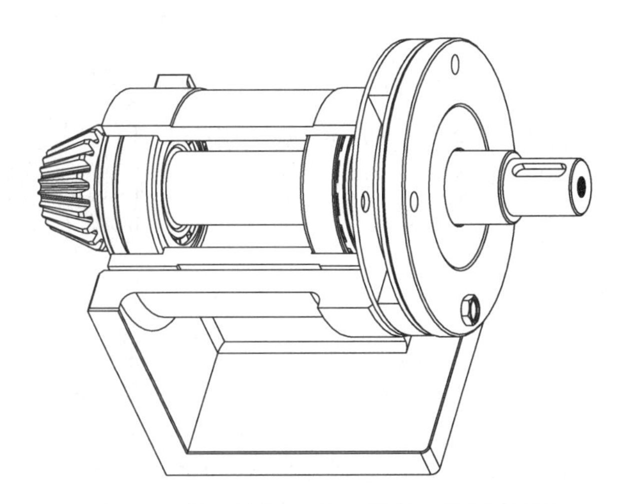

图 9－18　锥齿轮轴-凸缘-两游轴系结构装配图

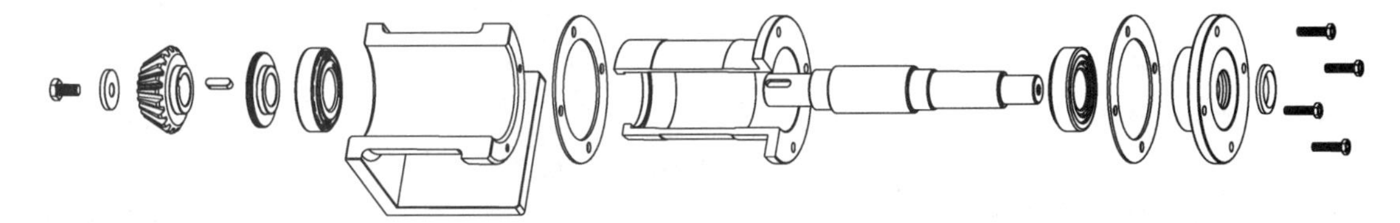

图 9－19　锥齿轮-凸缘-两固轴系结构爆炸图

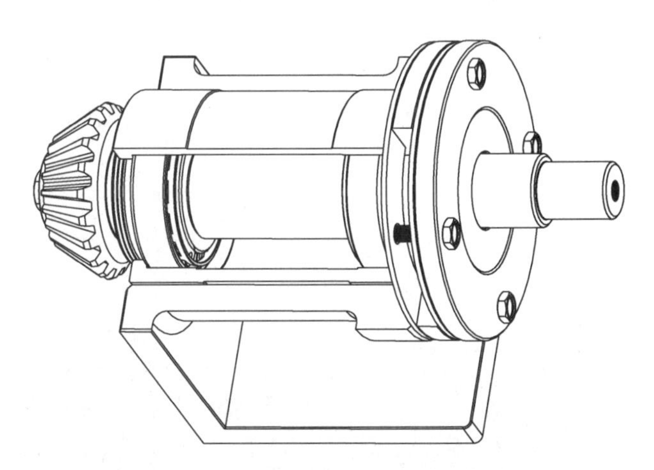

图 9－20　锥齿轮-凸缘-两固轴系结构装配图

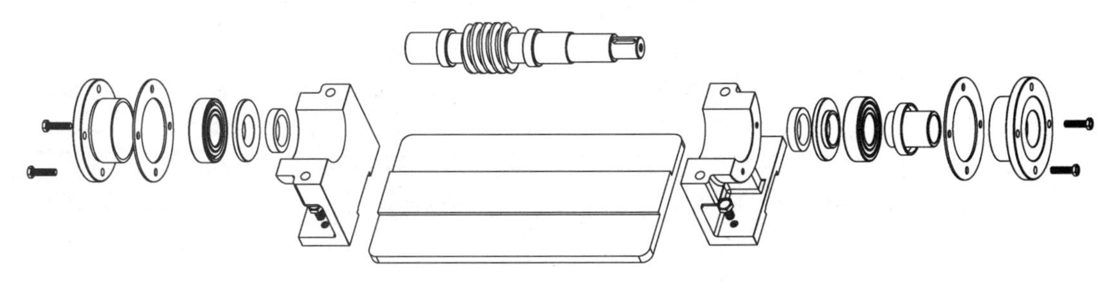

图 9－21　蜗杆-凸缘-两固-脂润滑轴系结构爆炸图

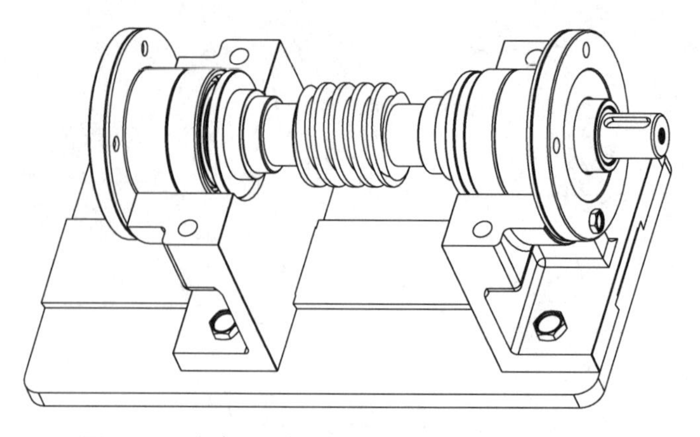

图 9-22　蜗杆-凸缘-两固-脂润滑轴系结构装配图

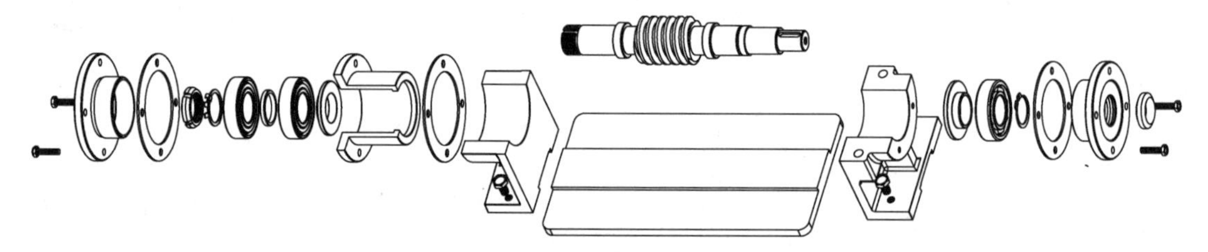

图 9-23　蜗杆-凸缘-一固一游-脂润滑轴系结构爆炸图

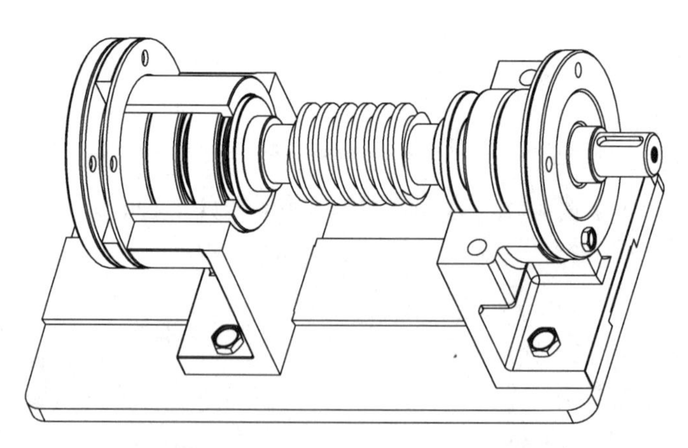

图 9-24　蜗杆-凸缘-一固一游-脂润滑轴系结构装配图

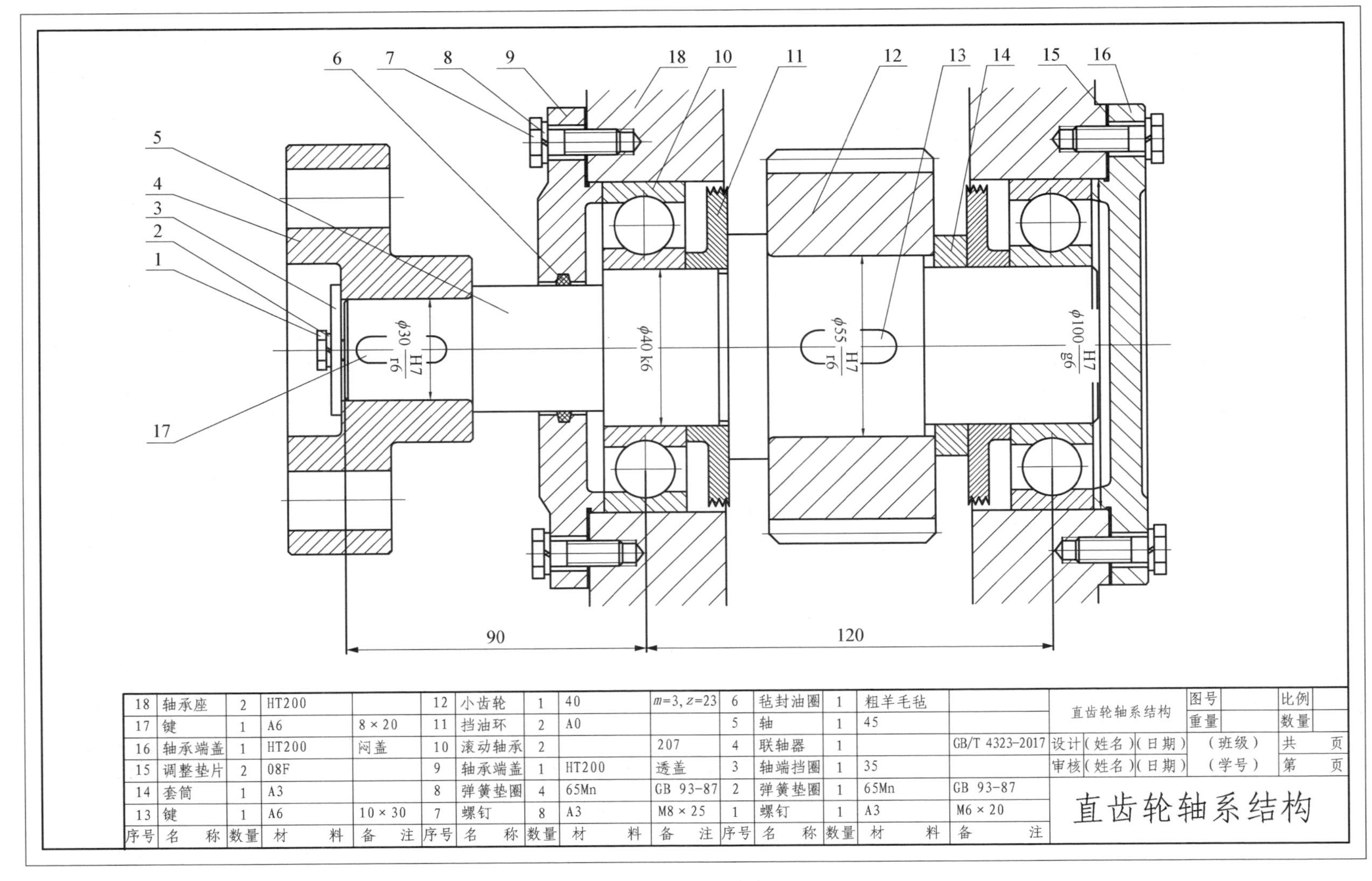

图 9－25　轴系结构装配图

轴系结构综合设计实验报告

班　级	姓　名	学　　号	专　　业	实验日期

实验成绩构成表

<table>
<tr><td rowspan="2">必要内容</td><td colspan="2">实验预习（实验前）</td><td colspan="2">实验完成（实验现场）
无教师签字无成绩</td><td>实验报告（实验后）
无实验报告无成绩</td><td rowspan="4">总成绩</td></tr>
<tr><td colspan="2"></td><td colspan="2"></td><td></td></tr>
<tr><td rowspan="2">奖惩内容</td><td>加分项</td><td colspan="2"></td><td colspan="2">老师证明签字：</td></tr>
<tr><td>减分项</td><td colspan="2"></td><td colspan="2">老师证明签字：</td></tr>
</table>

一、实验预习

1. 实验目的

2. 实验原理

二、实验完成内容

1. 轴系结构草图(实验期间绘制)

2. 轴系结构装配实物照片 7 张(附打印图)

3. 轴系结构装配图 1 张(课后作业,可手工绘图或计算机绘图并绘图机打印,附图纸)

三、预习思考题解答

四、实验结论或者心得

实验 10　机械传动机构设计、装配与测试

实验学时：4　　**实验类型**：设计　　**实验要求**：必修
实验手段：线上教学＋教师讲授＋学生独立操作

【实验概述】

本实验是机械设计基础实验课程的核心实验之一，通过本实验项目拟达到以下实验目的：

(1) 培养学生实践机械传动机构装配工艺规程的工程能力，即运用实验设备所提供的设备模块，在实验平台上布局设计和装配至少 2 种机械传动机构；

(2) 对其中 1 种机械传动方案进行性能测试，检验该方案的装配工艺是否可靠，分析该方案的性能测试结果是否符合预期理论值；

(3) 分析本实验过程中综合运用到了哪几门理论课、哪些知识点。

本实验涉及以下实验设备：

(1) 机械传动性能综合测试实验台、测试用计算机等；

(2) 学生自备的绘图工具、文具等。

【预习思考题】

1. 运用实验设备所提供的设备模块，在实验平台上布局设计 2 种机械传动机构，并画出方案简图。
2. 分析上述 2 种机械传动方案在装配过程中需要注意的问题。
3. 阐述上述 2 种机械传动方案的优缺点。
4. 分析上述 2 种机械传动方案适用的工程场合。

【实验原理】

1. 实验原理

运用机械传动性能综合测试实验台，能完成多类机械传动机构的设计与测试内容，如带传动、链传动、齿轮传动、摆线针轮传动、蜗杆传动等。无论选择哪个实验，其基本内容都是

通过对某种机械传动装置或某个机械传动方案的性能参数曲线的测试来分析机械传动的性能特点。本实验利用实验台的自动控制测试技术，能自动测试出机械传动的性能参数，如转速、扭矩、功率等，并按照以下关系自动绘制参数曲线：

传动比：　　$i = n_1/n_2$

扭矩(N·m)：　　$M = 9\,550N/n$

传动效率：　　$\eta = N_2/N_1 = M_1n_2/(M_2n_1)$

根据参数曲线(图 10－1)可以对被测机械传动装置或机械传动系统的传动性能进行分析。

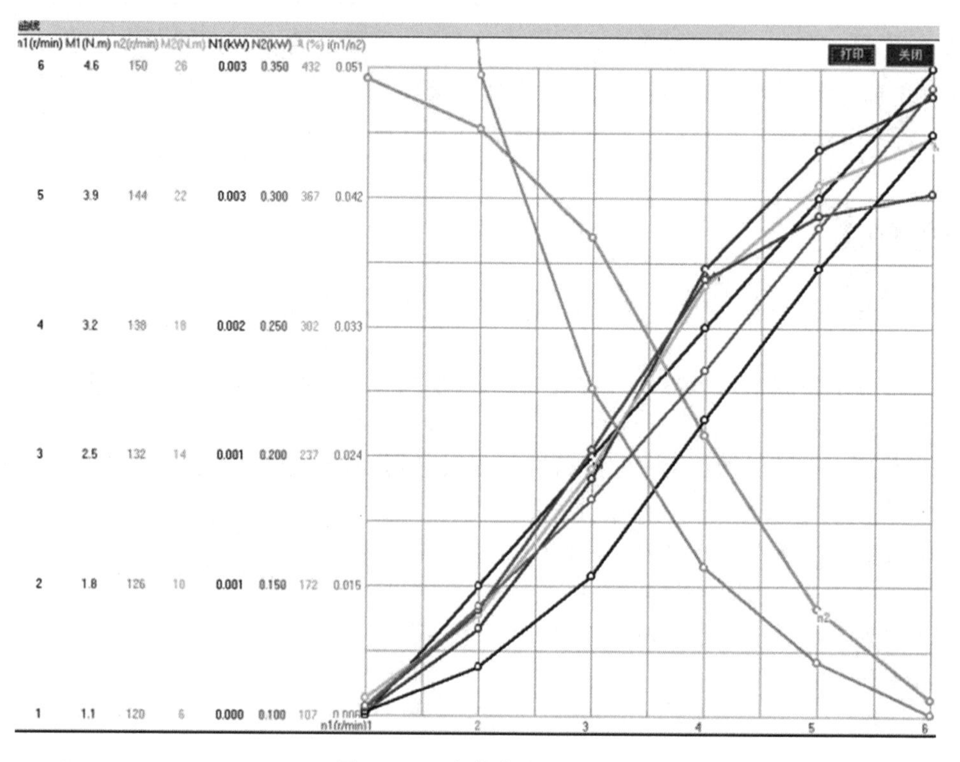

图 10－1　参数曲线(示例)

2. 实验参数

(1) 动力部分

① 三相感应变频电机：额定功率为 0.55 kW，同步转速为 1 500 r/min，输入电压为 380 V。

② 变频器：输入规格为 AC 3PH 380～460 V、50 Hz/60 Hz，输出规格为 AC 0～240 V、1.7 kV·A、4.5 A，变频范围为 2～200 Hz。

(2) 测试部分

① ZJ10 型转矩转速传感器：额定转矩为 10 N·m，转速范围为 0～6 000 r/min。

② ZJ50 型转矩转速传感器：额定转矩为 50 N·m，转速范围为 0～5 000 r/min。

③ TC－1 转矩转速测量卡：扭矩测量精度为±0.2% FS，转速测量精度为±0.1%。

④ PC－400 数据采集控制卡。

（3）被测部分

① 直齿圆柱齿轮减速器：减速比为 1∶5；齿数 $z_1=19$，$z_2=95$；法向模数 $m_n=1.5$；中心距 $a=85.5$ mm。

② 摆线针轮减速器：减速比为 1∶9。

③ 蜗杆减速器：减速比为 1∶10；蜗杆头数 $z_1=1$，$z_2=10$；中心距 $a=50$ mm。

④ 同步带传动：带轮齿数 $z_1=18$，$z_2=25$；节距 $LP=9.525$；L 型同步带规格，3×14×80，3×14×95。

⑤ 三角带传动：

带轮基准直径 $D_1=70$ mm，$D_2=115$ mm，O 型带长度 $L_{内}=900$ mm；

带轮基准直径 $D_1=76$ mm，$D_2=145$ mm，O 型带长度 $L_{内}=900$ mm；

带轮基准直径 $D_1=70$ mm，$D_2=88$ mm，O 型带长度 $L_{内}=630$ mm。

⑥ 链传动：链轮齿数 $z_1=17$，$z_2=25$；滚子链型号，08A－1×72；滚子链型号，08A－1×52；滚子链型号，08A－1×66。

3. 实验台的结构与工作原理

本实验台由种类齐全的机械传动装置，联轴器动力输出装置、加载装置，控制及测试软件，工控机等组成，其工作原理系统图如图 10－2 所示。

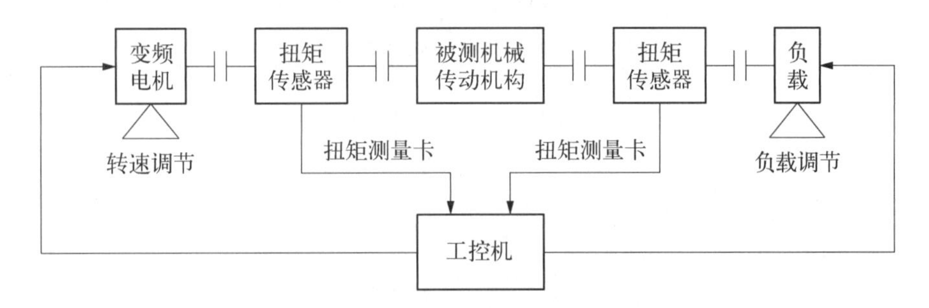

图 10－2　实验台的工作原理系统图

本实验台中的转速、负载均采用程控调节，扭矩测量卡替代扭矩测量仪，其主要特点：同步采样，包括输入端和输出端的扭矩、转速与功率；测量精度高；所有电机程控起停。

本实验台采用模块化结构，学生可选择传动部分中的不同部件进行组合搭配，通过支承连接，构成链传动实验台、三角带传动实验台、同步带传动实验台、齿轮传动实验台、蜗杆传动实验台、带-齿轮传动实验台、链-齿轮传动实验台、带-链传动实验台等多种单级典型机械传动和多种两级组合机械传动性能综合测试实验台。图 10－3～图 10－5 为部分机械传动方案的 3D 图，分别对应链-蜗杆传动、摆线针轮-皮带-齿轮传动和摆线针轮传动，其余机械传动方案可参照后文图 10－6～图 10－16。

4. 机械传动方案搭建图

方案 1(图 10－6)：

摆线针轮传动→带传动：115° V 带轮，70° V 带轮，O 型带 1 000，中心距为 366.5 mm；3×14×95 同步带，中心距为 355 mm。

摆线针轮传动→链传动：08B－1×78 滚子链，中心距为 360 mm。

方案 2(图 10－7)：摆线针轮传动。

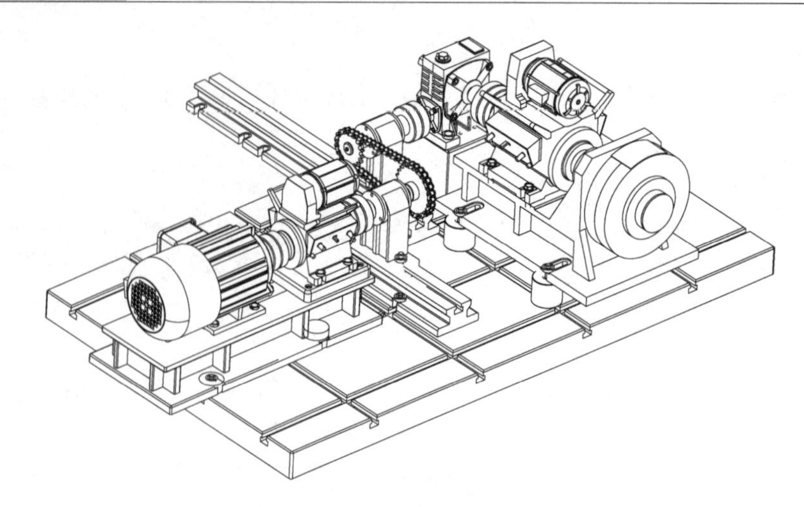

图 10－3　链-蜗杆传动实验台

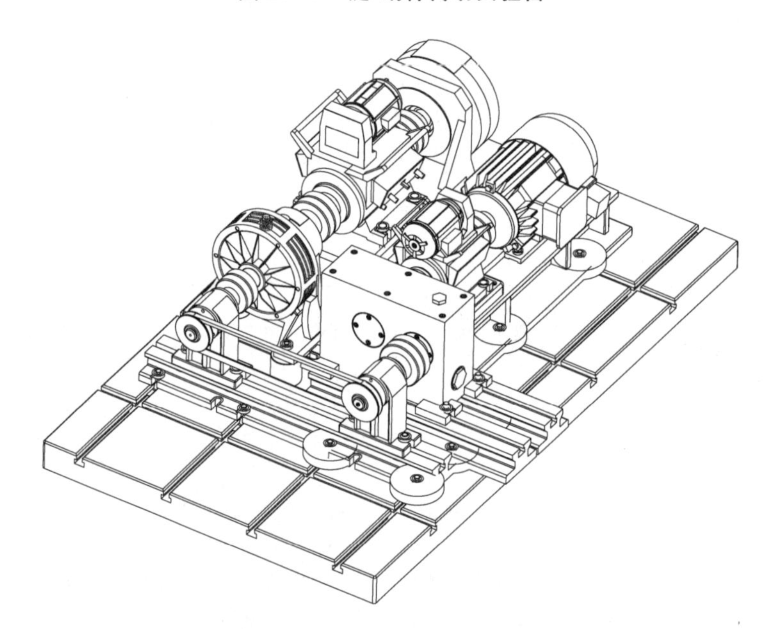

图 10－4　摆线针轮-皮带-齿轮传动实验台

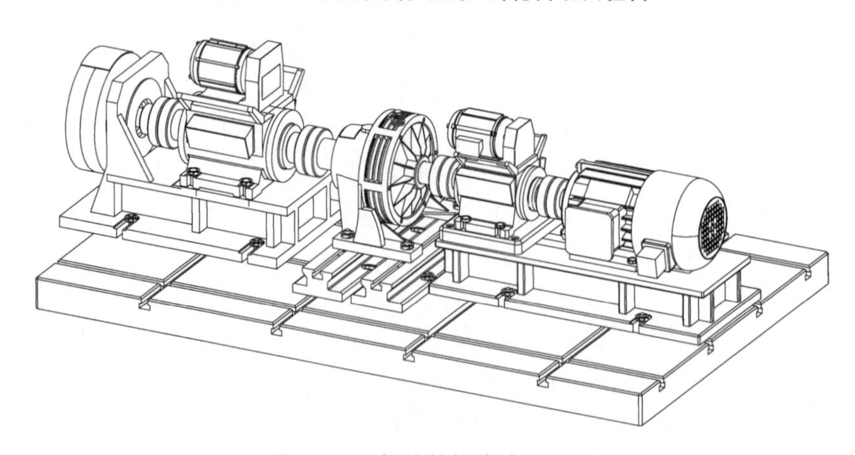

图 10－5　摆线针轮传动实验台

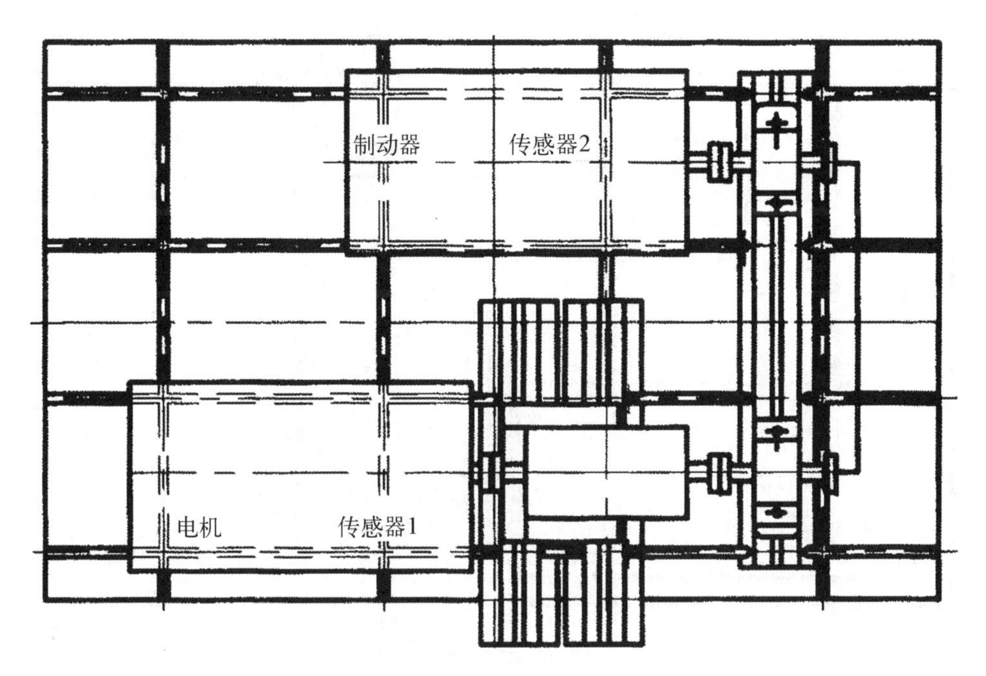

图 10-6　方案 1 搭建图

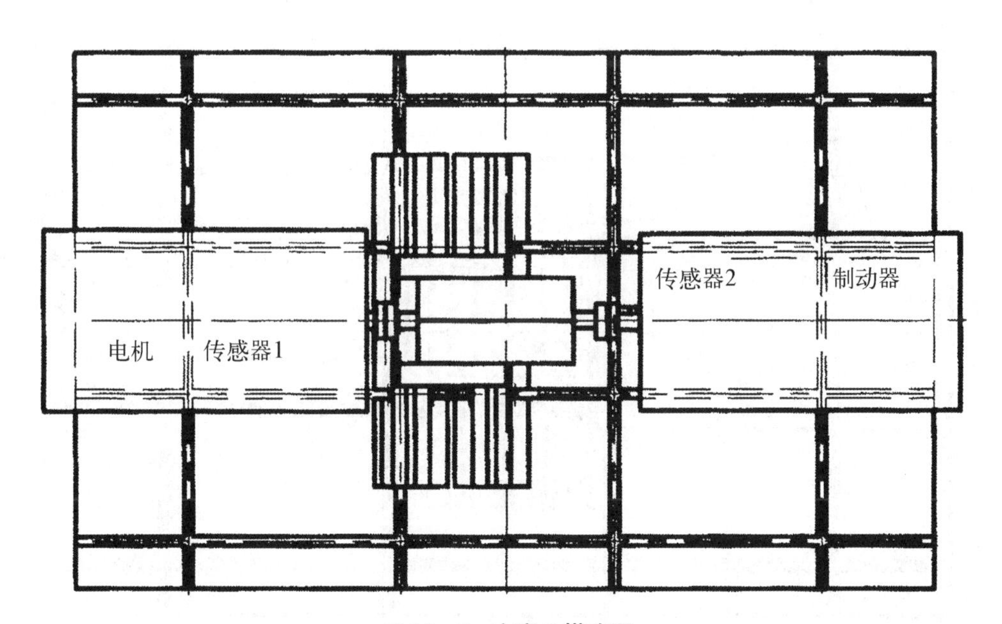

图 10-7　方案 2 搭建图

方案 3(图 10-8)：

齿轮传动→带传动：115° V 带轮，70° V 带轮，O 型带 900。

齿轮传动→链传动：08B-1×78 滚子链。

方案 4(图 10-9)：齿轮传动。

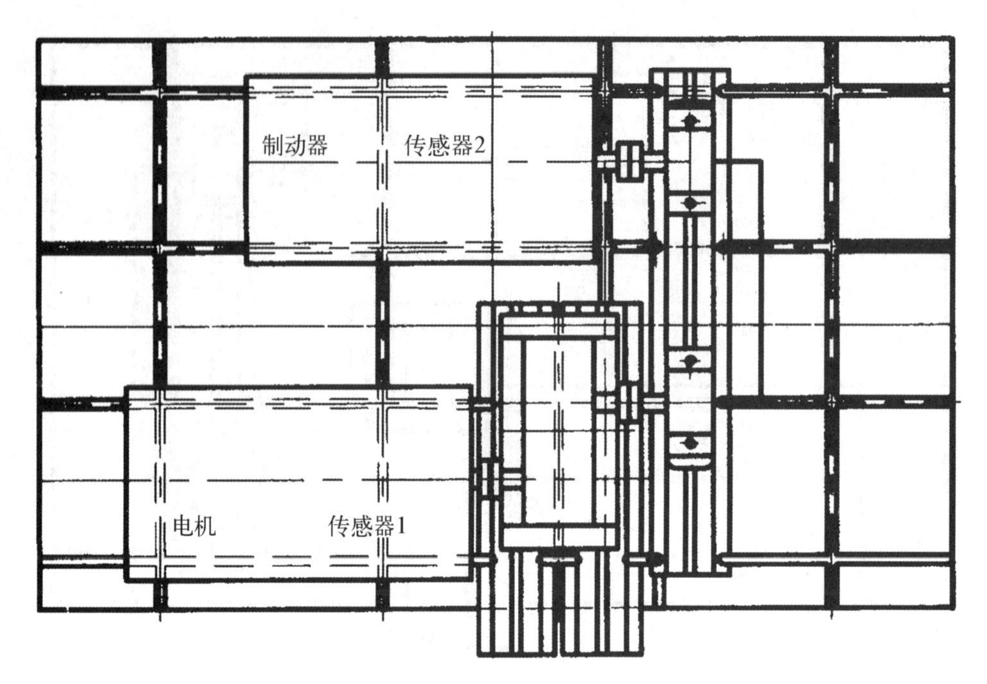

图 10-8　方案 3 搭建图

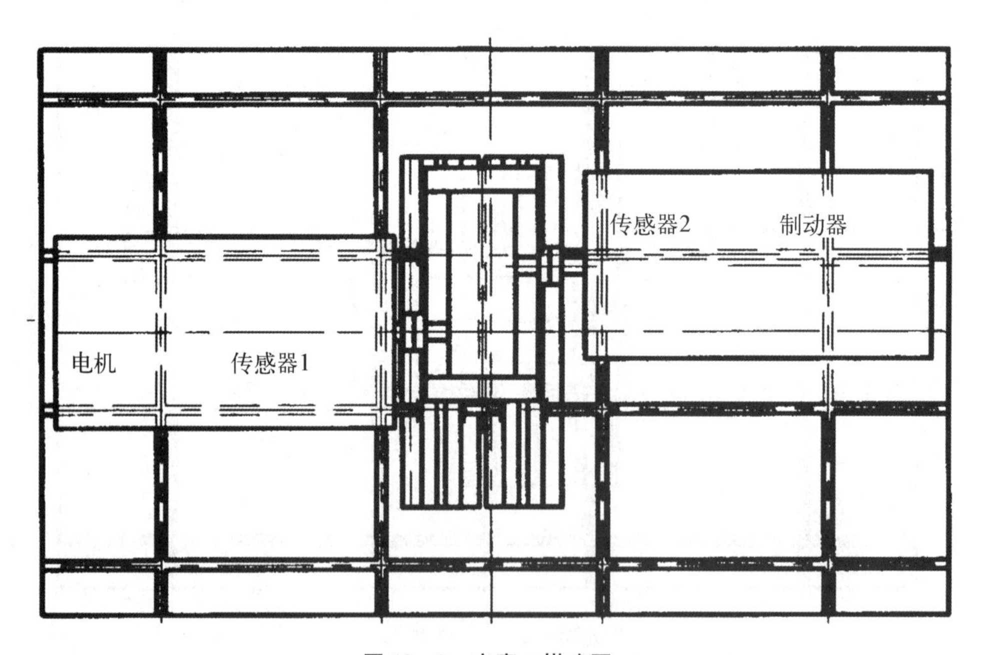

图 10-9　方案 4 搭建图

方案 5(图 10-10)：

带传动→摆线针轮传动：115° V 带轮，70° V 带轮，O 型带 900。

链传动→摆线针轮传动：08B-1×78 滚子链。

方案 6(图 10-11)：

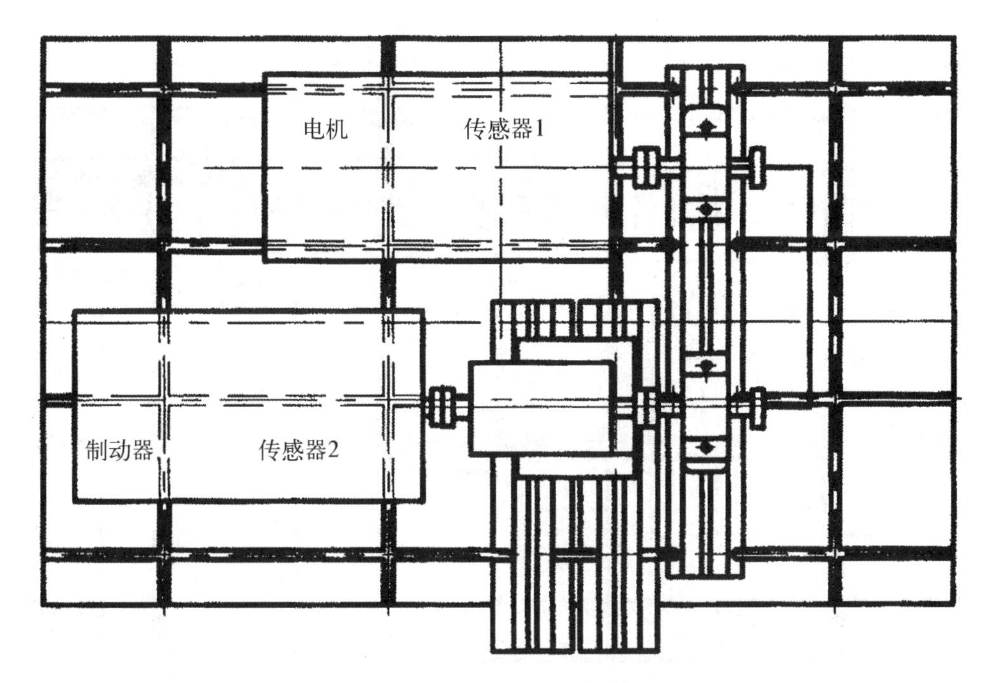

图 10－10　方案 5 搭建图

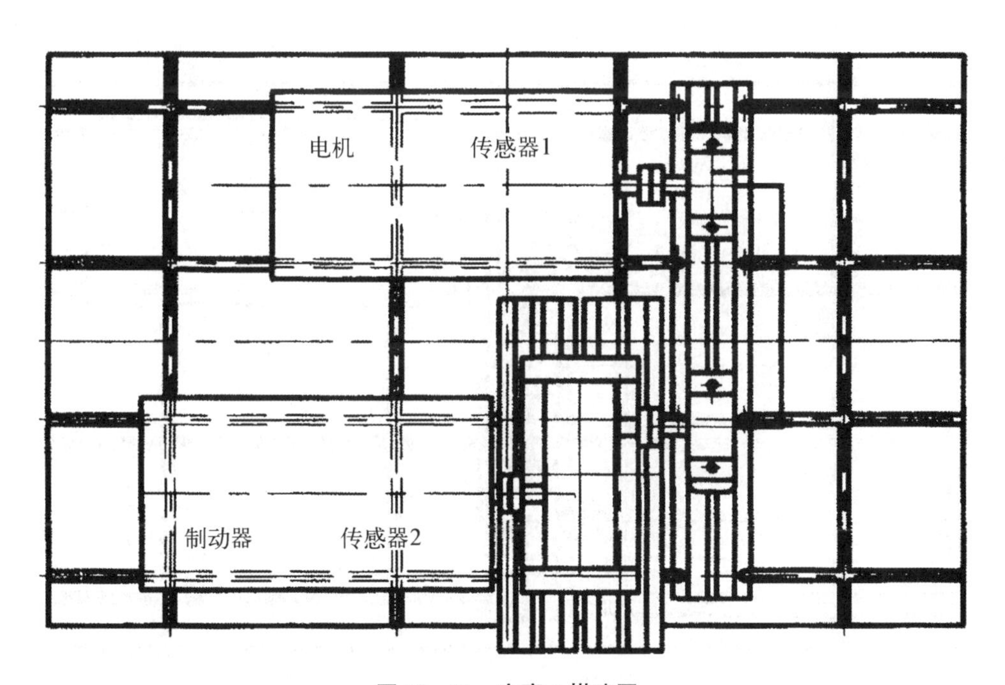

图 10－11　方案 6 搭建图

带传动→齿轮传动：115° V 带轮，70° V 带轮，O 型带 900。

链传动→齿轮传动：08B－1×78 滚子链。

方案 7(图 10－12)：带传动→蜗杆传动；链传动→蜗杆传动。

方案 8(图 10－13)：

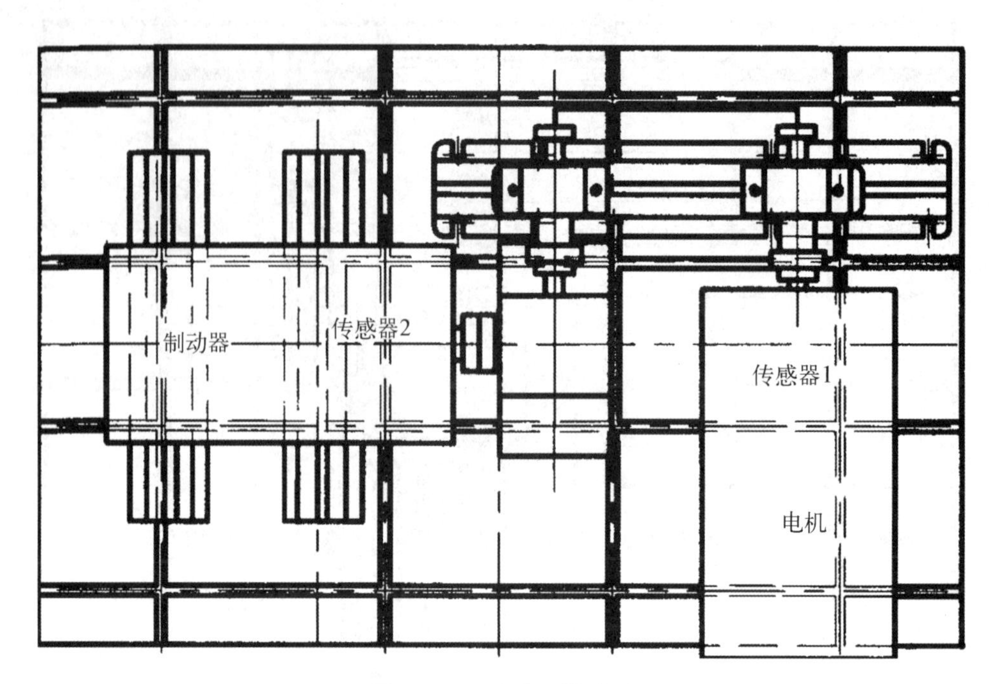

图 10-12　方案 7 搭建图

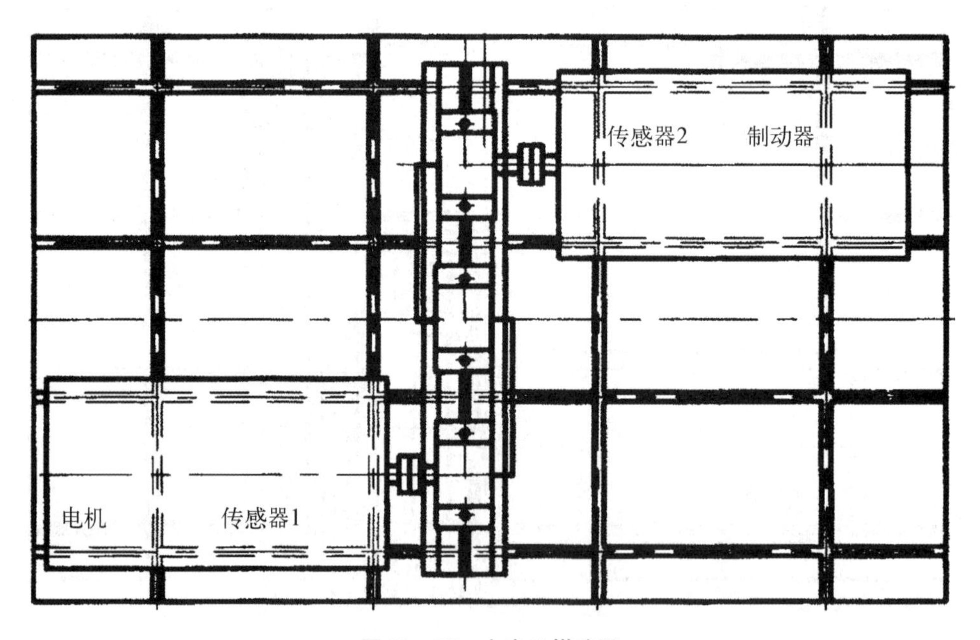

图 10-13　方案 8 搭建图

带传动→链传动：88° V 带轮，70° V 带轮，O 型带 630；08B-1×52 滚子链。

方案 9(图 10-14)：

链轮、同步带、三角带传动：08B-1×66 滚子链；145° V 带轮，76° V 带轮，O 型带 900。

方案 10(图 10-15)：蜗杆传动→带、链传动(支承座应垫高 50 mm)。

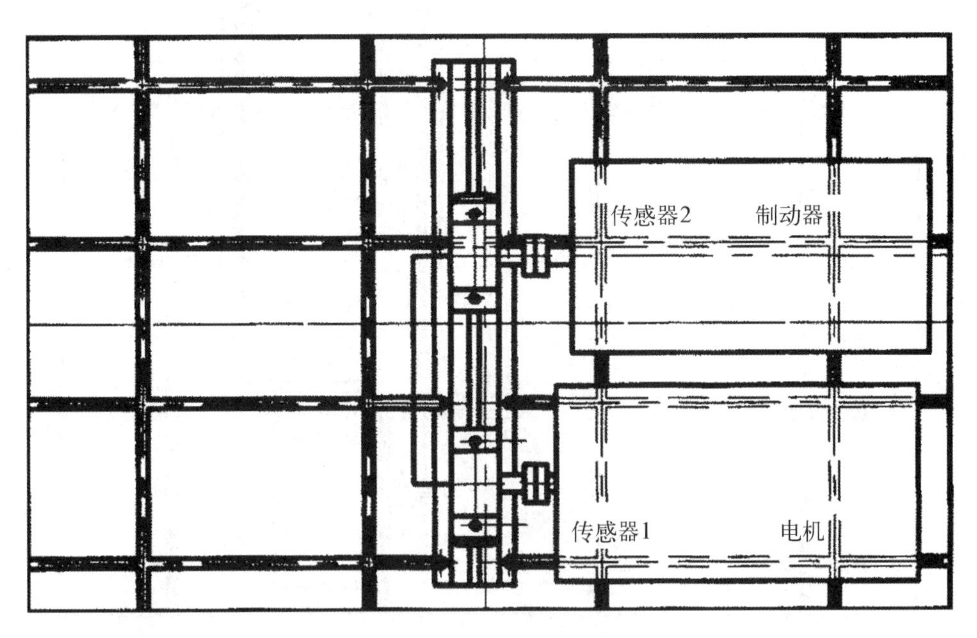

图 10-14　方案 9 搭建图

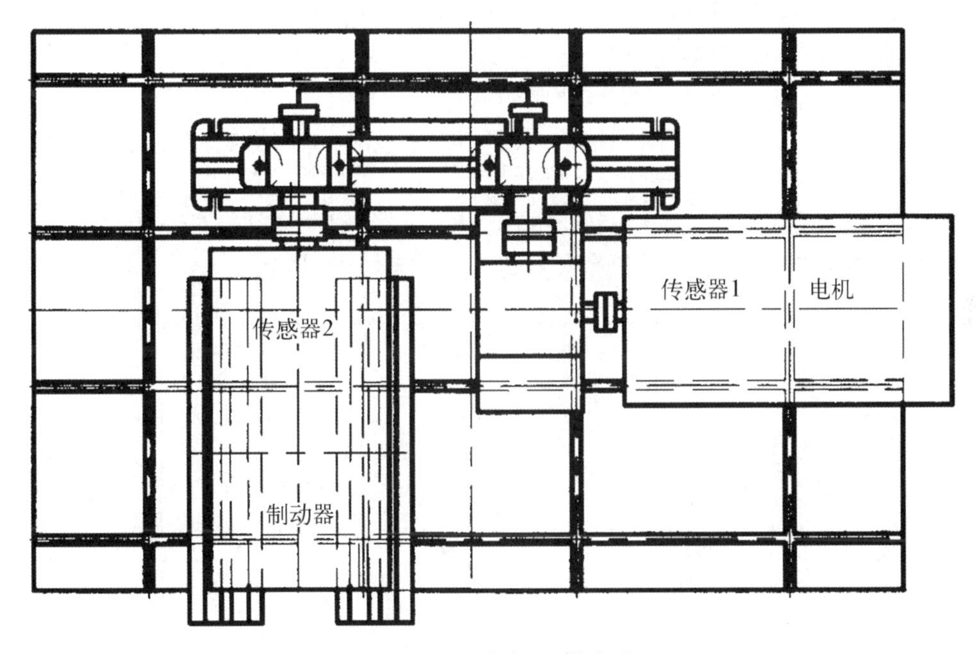

图 10-15　方案 10 搭建图

方案 11(图 10-16)：蜗杆传动。

5. 实验台的使用与操作

(1) 实验台的安装环境及其安装

① 实验台应安装在清洁、干燥、无震动、无磁场干扰、无腐蚀气体、有动力源的实验室内。环境温度为 10～30℃，相对湿度不大于 85%。

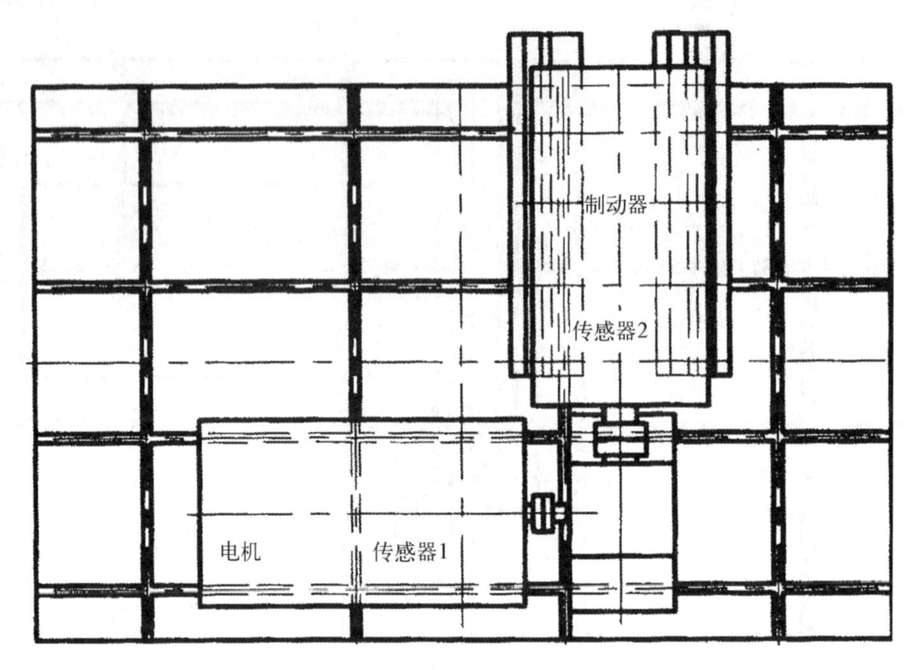

图 10－16　方案 11 搭建图

② 实验台应放置于坚硬的地面上，通过脚垫调校到水平位置。

(2) 实验台各部分的安装连线

本实验台的安装连线较为直观，其步骤如下。

① 接好工控机、显示器、键盘和鼠标之间的连线，将显示器的电源线接在工控机上，并将工控机的电源线插在电源插座上。

② 将主电机、主电机风扇、磁粉制动器、ZJ10 传感器(辅助)电机、ZJ50 传感器(辅助)电机与控制台连接，其插座位置在控制台背面右上方，如图 10－17 所示。

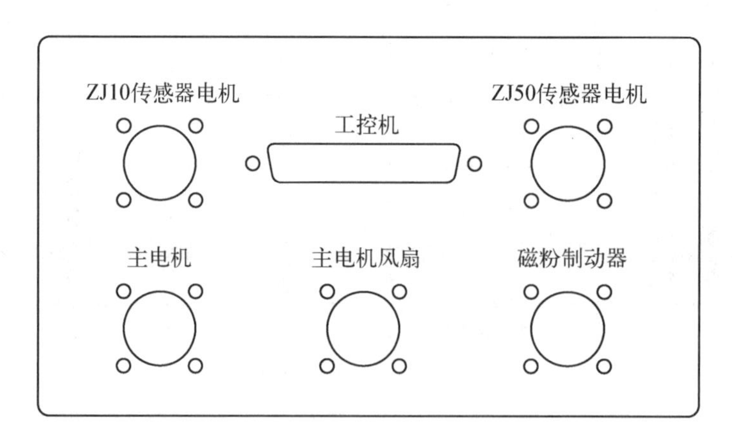

图 10－17　主机控制台插座

③ 将输入端 ZJ10 传感器的信号口Ⅰ、Ⅱ分别接入工控机内 TC－1 卡(300H)的信号口Ⅰ、Ⅱ，将输出端 ZJ50 传感器的信号口Ⅰ、Ⅱ分别接入工控机内 TC－1 卡(340H)的信号口Ⅰ、Ⅱ，如图 10－18 所示。

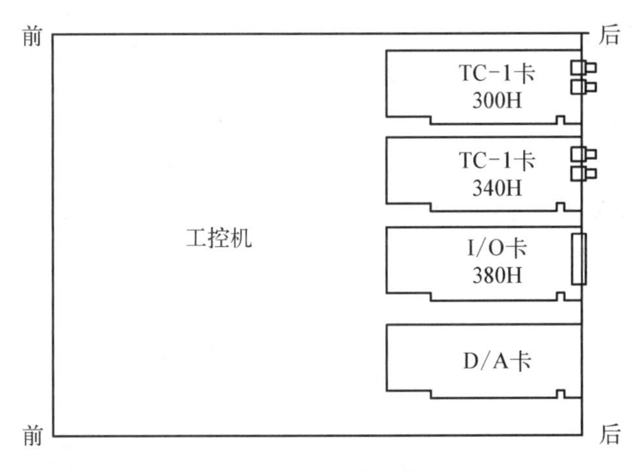

图 10-18　工控机内卡

④ 将控制台 37 芯插头与工控机连接，即将实验台背面右上方标明为工控机的插座与工控机内 I/O 控制卡相连。

(3) 实验前的准备与实验操作

① 在搭接实验装置前，应仔细阅读本实验台的使用说明书，熟悉各主要设备的性能参数和使用方法，正确使用仪器、设备和控制及测试软件。

② 在搭接实验装置时，由于电动机、被测机械传动装置、传感器、加载器的中心高均不一致，组装、搭接时应选择合适的垫板、支承板、联轴器，调整好设备的安装精度，以使测量的数据精确。

主要搭接件的中心高和轴径尺寸如表 10-1 所示。

表 10-1　主要搭接件的中心高和轴径尺寸

主 要 搭 接 件	中心高/mm	轴径(ϕ)/mm
变频电机	80	19
ZJ10 型转矩转速传感器	80	14
ZJ50 型转矩转速传感器	70	25
FZ-5 型磁粉制动器	法兰式	25
WPA50-1/10 型蜗杆减速器	50(输入轴)	12
	100(输出轴)	17
圆柱齿轮减速器	120	18
摆线针轮减速器	120	20,35
轴承支承	120	18
		14,18

③ 在有带、链传动的实验装置中，为防止压轴力直接作用在传感器上，影响传感器测量精度，一定要安装本实验台的专用轴承支承座。

④ 在搭接好实验装置后，用手驱动电机轴，如果装置运转自如，那么即可接通电源，开启电源，进入实验操作。否则，重调各连接轴的中心高、同轴度，以免损坏转矩转速传感器。

⑤ 本实验台可进行手动和自动两种操作，手动操作时通过按动实验台正面控制面板上的按钮(图 10－19)即可完成实验全过程。

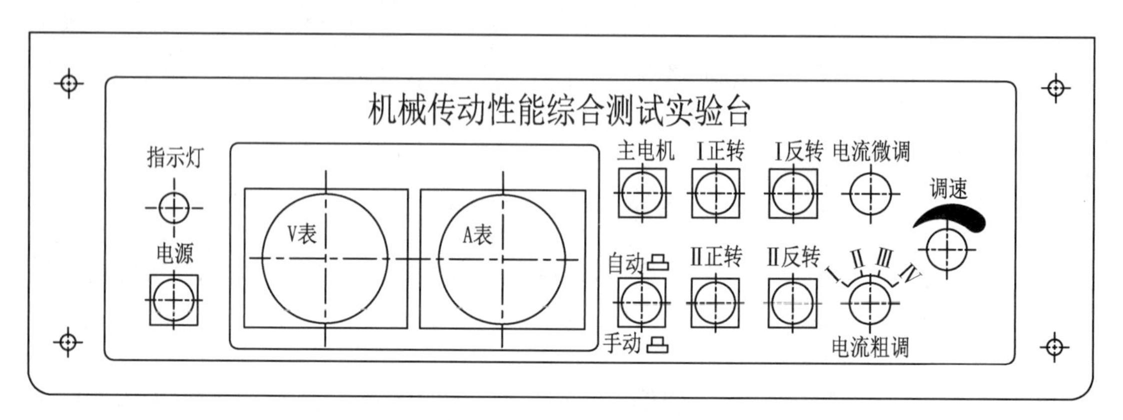

图 10－19　实验台正面控制面板

在控制面板中，各标识对应的按钮功能如下：

电源：	接通、断开电源及主电机风扇
自动/手动：	选择操作方式
主电机：	开启、关闭变频电机
Ⅰ正转：	开启、关闭输入端 ZJ10 传感器电机正向转动
Ⅰ反转：	开启、关闭输入端 ZJ10 传感器电机反向转动
Ⅱ正转：	开启、关闭输出端 ZJ50 传感器电机正向转动
Ⅱ反转：	开启、关闭输出端 ZJ50 传感器电机反向转动
电流粗调：	粗调 FZ－5 型磁粉制动器加载
电流微调：	微调 FZ－5 型磁粉制动器加载

⑥ 在实验数据测试前，应对测试设备进行参数设置与调零，以保证测量精度，其具体步骤如下。

A. 参数设置

a. 打开工控机，双击桌面上的快捷方式“Test”，进入软件运行界面。

b. 按下控制台电源按钮，控制台上选择自动，按下主电机按钮。

c. 下拉菜单 C 设置部分

在“设置报警参数”对话框内，第一报警参数、第二报警参数不必设置；定时记录数据可设置为 0 或大于 10 min，意思为采用手动记录数据、不用定时记录数据；采样周期设置为 1 000 ms 即可。

在“选择试验时应显示的测试参数”对话框内，可供显示的参数已经打钩，故此对话框可不必设置(可供显示的参数就是显示面板上显示的参数)。

在“设置扭矩传感器常数”对话框内，用户根据输入端扭矩传感器和输出端扭矩传感器铭牌上的标识正确填写对话框内系数、扭矩量程和齿数，小电机转速和扭矩零点可暂不填入。

对于 C 设置部分的“配置设备串行口”与“传感器常数”这两个对话框，如果本实验台不做压力、温度、流量等方面的测试，那么可不理会。

d. 下拉菜单 A 分析部分

在“绘制曲线的选项”对话框内，Y 轴坐标名称可任意选择一种、二种……或全选，但局限于可供显示的那几种试验参数；X 轴坐标名称先设置为 t，曲线拟合算法先设置为折线法，X、Y 轴坐标值先均设置为自动，待正式测试时根据需要再做适当调整。准确完成以上步骤，参数设置即完成。

B. 调零

a. 首先点击主界面下拉菜单中的 T 试验部分，启动输入端扭矩传感器和输出端扭矩传感器上部的小电机，此时显示面板上 n_1 和 n_2 应分别显示小电机的转速，M_1 和 M_2 应分别显示传感器的扭矩量程[M_1 一般为(10±3)N·m，M_2 一般为(50±10)N·m]。然后点中电机控制操作面板上的电机转速调节框，调节主电机转速，如果此时小电机和主轴的旋转方向相反、转速叠加，那么说明小电机的旋转方向正确，可进行下一步。若此时显示面板上 n_1 和 n_2 数值减小(可能 n_1 数值减小，可能 n_2 数值减小，也可能 n_1 和 n_2 数值均减小)，则要重新调整小电机旋向，直至两个小电机的转速均与主轴的转速叠加为止。

b. 在小电机旋向正确后，将主轴的转速回调至零，接着再次点击下拉菜单 C 设置部分，选择 T 试验部分，系统再次弹出“设置扭矩传感器常数”对话框，此时只需分别按下输入端和输出端的调零框右边一钥匙状按钮，便可自动调零，存盘后返回主界面，调零结束。

⑦ 在设置好参数和正确调零后，其自动操作和手动操作的程序简述如下。

A. 自动操作

a. 打开工控机，双击桌面上的快捷方式“Test”，进入软件运行界面。

b. 按下控制台电源按钮，控制台上选择自动，按下主电机按钮。

c. 在主界面被测参数数据库内，填入实验类型、实验编号、小组编号、指导老师、实验人员等(切记：实验编号必须填写，其他可选填)，接着“装入”，即按下数据操作面板上的被测参数装入按钮。

d. 通过软件运行界面电机转速调节框调节电机速度。

e. 通过电机负载调节框缓慢加载，待显示面板上数据稳定后，按下测试参数自动采样按钮，开始记录数据。加载和自动记录数据的次数要视实验本身的需要而定。

f. 卸载后打印数据和曲线图。

g. 关机。

B. 手动操作

a. 打开工控机，双击桌面上的快捷方式“Test”，进入软件运行界面。

b. 按下控制台电源按钮，同时选择手动方式，按下主电机按钮。

c. 在主界面被测参数数据库内，填入实验类型、实验编号、小组编号、指导老师、实验人员等(切记：实验编号必须填写，其他可选填)，接着“装入”，即按下数据操作面板上的被测参数装入按钮。

d. 通过软件运行界面电机转速调节框调节电机速度。

e. 通过转动控制台上的电流粗调、电流微调按钮来缓慢加载,待显示面板上数据稳定后,按下手动采样按钮,开始记录数据。加载和手动记录数据的次数要视实验本身的需要而定。

f. 卸载后打印数据和曲线图。

g. 关机。

(4) 实验台配套软件的使用说明

① 运行软件:双击桌面上测试软件的快捷方式,就能进入该软件运行界面。

② 软件运行界面如图 10-20 所示,主要由下拉菜单、显示面板、电机控制操作面板、数据操作面板、被测参数数据库和测试记录数据库六部分组成。其中,下拉菜单中可以设置各种参数,显示面板用于显示实验数据,电机控制操作面板主要用于控制实验台架,数据操作面板主要用于操作两个数据库中的数据,被测参数数据库用来存放被测参数,测试记录数据库用来存放并显示临时测试数据。

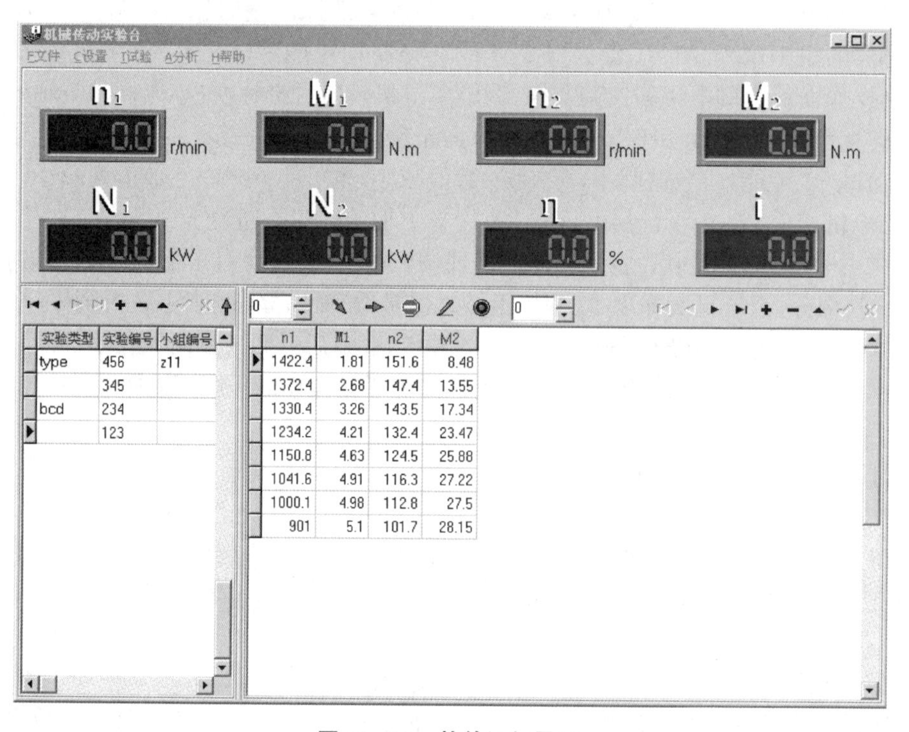

图 10-20 软件运行界面

③ 下拉菜单主要由文件菜单、设置菜单、试验菜单、分析菜单四部分组成。

A. 文件菜单

文件菜单内包含“退出系统”菜单项,选择此菜单项后将退出本软件系统。

B. 设置菜单

如图 10-21 所示,设置菜单内包含“基本试验常数”“选择测试参数”“设定转矩转速传感器参数”“配置流量传感器串口参数”“设定压力温度等传感器参数”菜单项。

C设置
S基本试验常数
W选择测试参数
T设定转矩转速传感器参数
Q配置流量传感器串口参数
P设定压力温度等传感器参数

图 10-21 设置菜单

a. 选择“基本试验常数”菜单项，系统将弹出“设置报警参数”对话框，如图 10－22 所示。用户可根据实际情况进行参数的选择填写，其中要注意的是定时记录数据框内数据为计算机对数据进行采样的时间，单位为分钟，本实验台测试时以手动采样为佳，故一般将框内数据设置为 0 或大于 10。采样周期为计算机自动采样时连续采集两个采样点的间隔时间，定为 1 000 ms 即可。第一报警参数框、第二报警参数框可不予理会。

图 10－22　报警参数设置窗口

b. 当“选择测试参数”菜单项被选中时，系统弹出“选择试验时应显示的测试参数”对话框，如图 10－23 所示。用户可以根据自己的需要选择显示的参数，开始测试时计算机将根

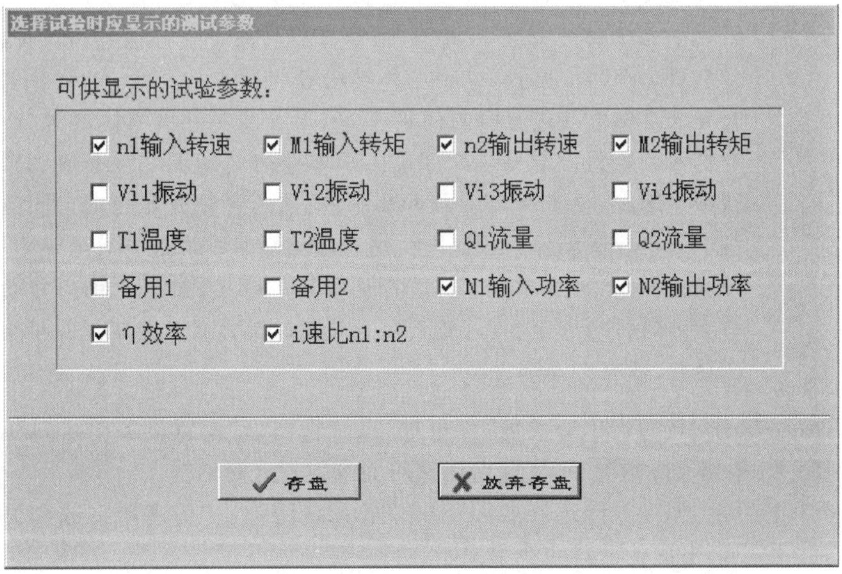

图 10－23　测试参数设置窗口

据用户的选择显示相应的数据。本实验台如无压力、温度、流量测试项目，可供显示的参数共 8 项，见对话框内打钩之处。

c. 选择“设定转矩转速传感器参数”菜单项，系统将弹出“设置扭矩传感器常数”对话框，如图 10－24 所示。用户应根据输入端扭矩传感器和输出端扭矩传感器铭牌上的标识正确填写对话框内系数、扭矩量程和齿数。

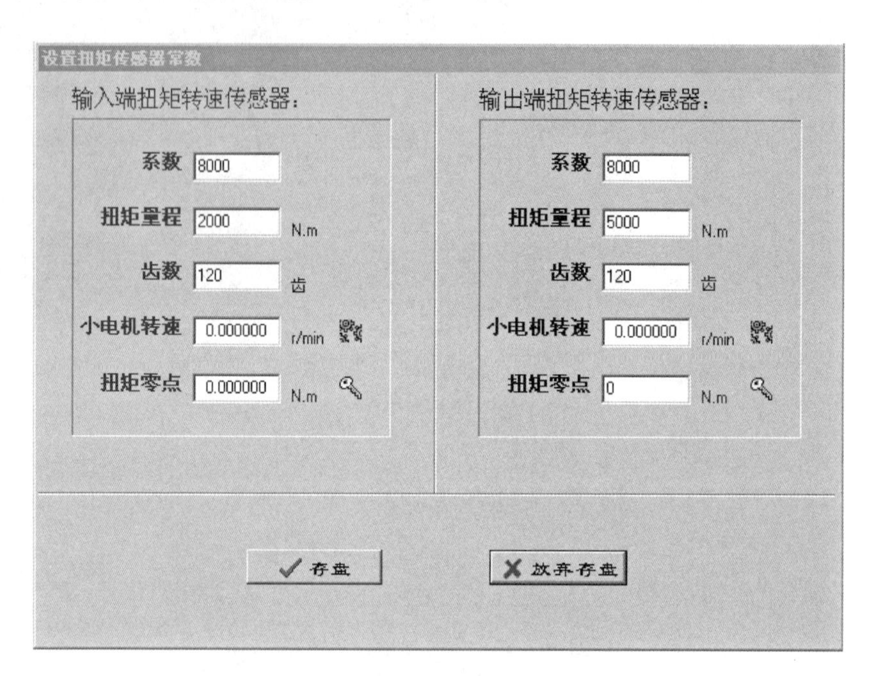

图 10－24　扭矩传感器常数设置窗口

注意： 在填写小电机转速时，用户必须启动传感器上部的小电机，此时测试台架主轴应处于静止状态，按下小电机转速旁一齿轮图标按钮，计算机将自动检测小电机转速并填入该框内；当主轴转速低于 100 r/min 时，必须启动传感器上部的小电机，且小电机转向必须同主轴相反；机械台架在每次重新安装后都需要进行扭矩的调零，但是没必要每次测试都进行调零；调零时输入和输出一定要分开调零。调零分为精细调零和普通调零。当进行精细调零时，要先断开负载和联轴器，然后主轴开始转动，进行输入调零，接下来接好联轴器，主轴转动，进行输出调零。当进行普通调零时，无须断开联轴器，直接启动小电机进行调零就可以了，但小电机的转动方向必须与主轴的转动方向相反，处于零点状态时用户只需按下调零框右边一钥匙状按钮，便可自动调零。

d. 选择“配置流量传感器串口参数”菜单项，系统将弹出“配置设备串行口”对话框，如图 10－25 所示。根据实际情况，本实验台测试时无须设置此对话框。

e. 选择“设定压力温度等传感器参数”菜单项，系统将弹出“传感器常数”对话框，如图 10－26 所示。用户可根据传感器的使用说明进行正确配置并调节零点。若本实验台没有压力、温度测试内容，则可不理会此对话框。

配置设备串行口
流量计（一）：
端口 COM1
波特率 9600
数据位 8
停止位 1
奇偶校验 无
缺省设置
流量计（二）：
端口 COM2
波特率 9600
数据位 8
停止位 1
奇偶校验 无
缺省设置
存盘
放弃存盘

图 10－25　流量传感器串口参数设置窗口

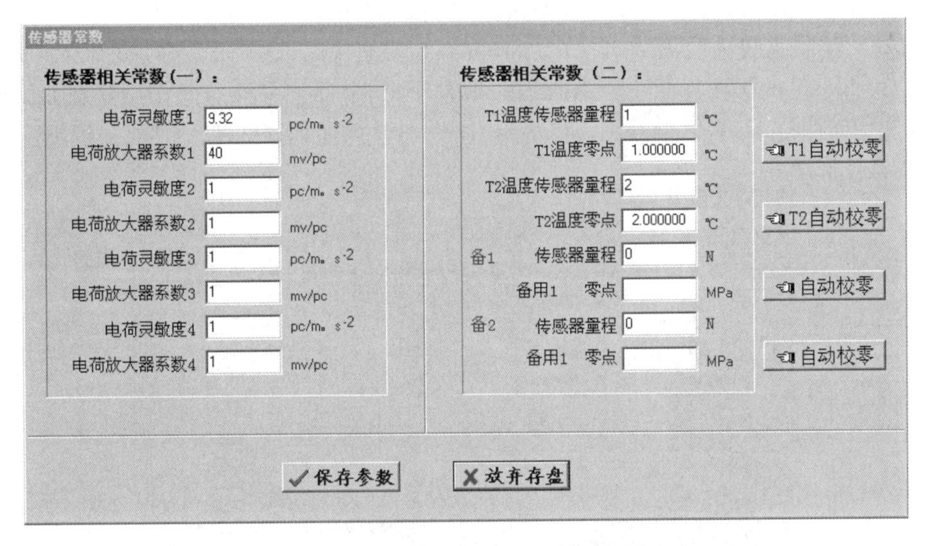

图 10－26　压力温度等传感器参数设置窗口

C. 试验菜单

如图 10－27 所示，试验菜单内包含“主电机电源”“输入端小电机 P 正转电源”“输入端小电机 r 反转电源”“输出端小电机 P 正转电源”“输出端小电机 r 反转电源”“开始采样”“停止采样”“记录数据”“覆盖当前记录”菜单项。

a. 主电机电源，功能相当于电机控制操作面板上的主电机电源开关按钮。

b. 输入端、输出端小电机正、反转电源，这四个菜单项可分别控制输入端、输出端传感器上小电机的正、反转，以保证测试时小电机转向同主轴转向相反。

c. 开始采样，功能相当于电机控制操作面板上的开始采样按钮。

d. 停止采样，功能相当于电机控制操作面板上的停止采样按钮。

e. 记录数据，功能相当于电机控制操作面板上的手动记录数据。

f. 覆盖当前记录，此菜单项会用新的记录替换当前记录。

D. 分析菜单

如图 10－28 所示，分析菜单内包含“设置曲线选项”“绘制曲线”“打印试验表格”等菜单项。

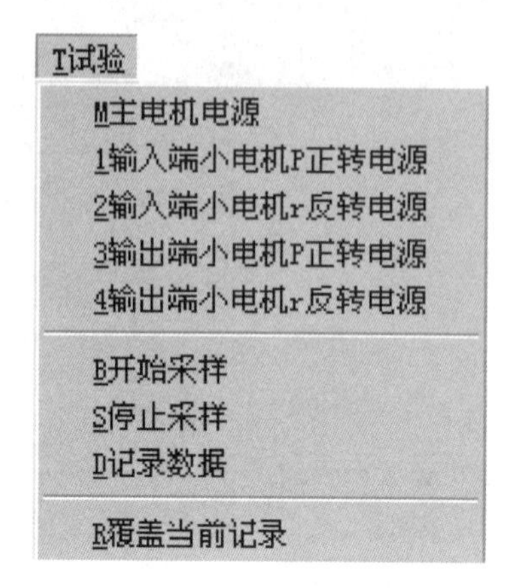

图 10－27　试验菜单

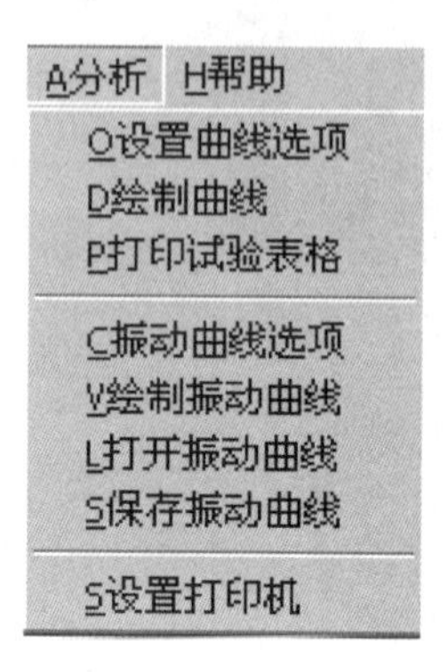

图 10－28　分析菜单

a. 选择“绘制曲线选项”菜单项，系统将弹出“绘制曲线的选项”对话框，如图 10－29 所示。

用户根据自己的需要选择要绘制曲线的参数项，其中标记采样点的作用是在曲线图上用小圆点标记出数据的采样点，曲线拟合算法为用数学方法将曲线预处理，以便对数据进行分析。

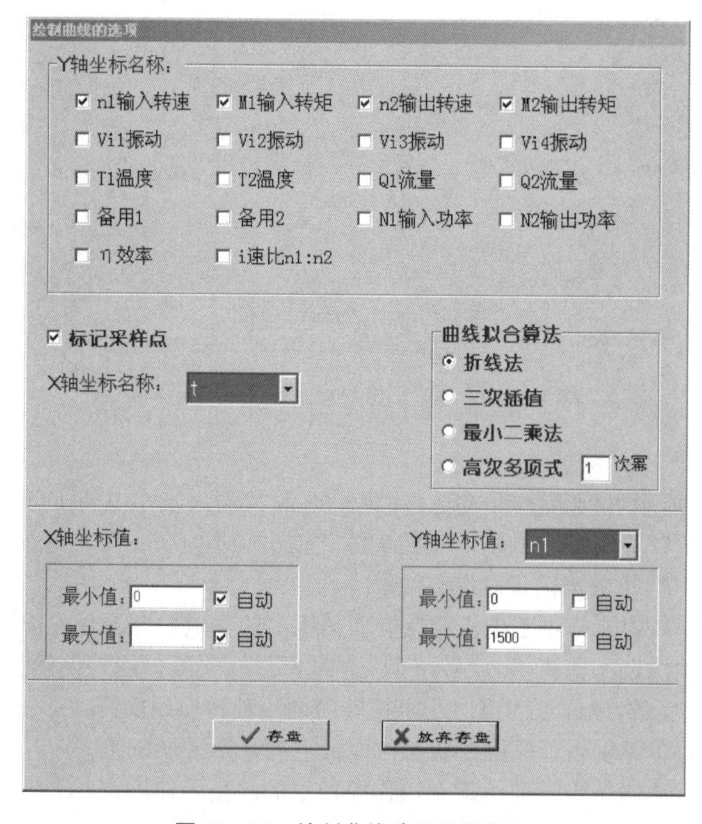

图 10－29　绘制曲线选项设置窗口

b. 绘制曲线，即根据用户的选择绘制出整个采样数据的曲线图。

c. 打印试验表格，即进行数据与技术曲线的打印。

④ 电机控制操作面板由电机转速调节框、被测参数装入按钮，测试参数自动采样按钮、停止采样按钮、手动采样按钮、主电机电源开关按钮、电机负载调节框和负载满度调节滑竿构成，如表 10－2 所示。

表 10－2　调节框/控制按钮的功能对照

名　称	图　标	作　用　及　说　明
电机转速调节框		通过调节此框内的数值，可改变变频器的频率(变频器的最大频率由变频器设置)，进而调节电机的转速
被测参数装入按钮		根据被测参数数据库表格中的实验编号，填入与对应编号相符的实验数据，并在下面表格中显示
测试参数自动采样按钮		在实验台开始运行后，由计算机自动进行采样并记录采样点的各参数，按下此按钮后用户对实验数据的采样无须干预
停止采样按钮		按下此按钮，计算机停止对实验数据进行采样
手动采样按钮		如果用户选择手动采样方式，那么在整个实验期间，用户必须在认为需要采集数据的时刻按下此按钮，计算机会将在该时刻采集的实验数据填入、显示在下面表格中，并等待用户进行下一个采样点的采样
主电机电源开关按钮		按下此按钮，可以打开、关闭主电机电源，并且通过图像显示当前主电机电源状态(由于此按钮会影响继电器寿命，因而现为虚设，主电机电源开关现设置于工作台控制面板上)
电机负载调节框		利用此调节框，计算机可调节电机(磁粉制动器)负载的大小；框内数值的可调范围为 0～100，负载满度由后面的负载满度调节滑竿控制

⑤ 数据操作面板主要由数据导航控件组成，其主要作用是对被测参数数据库和测试记录数据库中的数据进行操作。

如图 10－30 所示，这些数据导航控件的作用包括前进记录、后退记录、插入记录、删除当前纪录、确认编辑有效、放弃编辑等。

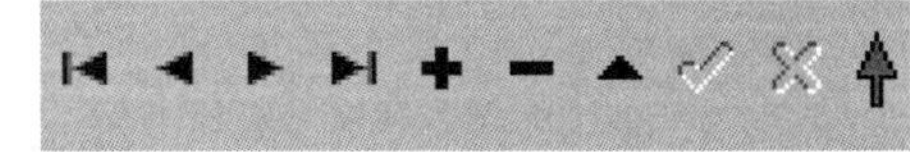

图 10－30　数据导航控件

【实验任务】

1. 运用实验设备所提供的模块化设备，搭建、装配 2 种机械传动机构并拍摄照片。

2. 运用实验设备所提供的工控机及其配套软件，对其中 1 种机械传动机构进行性能测试并记录和分析。

【实验注意事项】

1. 启动电机之前先检查实验装置，包括线路连接、装置搭接是否正确与可靠。

2. 测试时加载一定要平稳、缓慢，否则将影响采样的测试精度。

3. 实验过程中需要注意各项安全，如用电安全以及仪器、设备的规范操作等。

4. 本实验台采用的是风冷式磁粉制动器，注意其表面温度不得超过 80℃，实验结束后应及时卸除载荷。

5. 在施加载荷时，手动操作时应平稳地旋转电流微调旋钮，自动操作时也应平稳地加载，并注意输入端扭矩传感器的最大扭矩应分别不超过其额定值的 120%。

6. 无论做何种实验，都应先启动主电机后加载荷，严禁先加载荷后开机。

7. 在实验过程中，如遇电机转速突然下降或者出现不正常的噪声和振动，必须卸载或紧急停车(关闭电源开关)，以防电机温度过高，烧坏电机、电器以及发生其他安全事故。

8. 变频器在出厂前已设定完成，若需更改，则必须由专业技术人员或熟悉变频器的技术人员操作，以防因不适当的设定而威胁人身安全、造成机器损坏等。

【实验步骤】

实验步骤如图 10－31 所示。

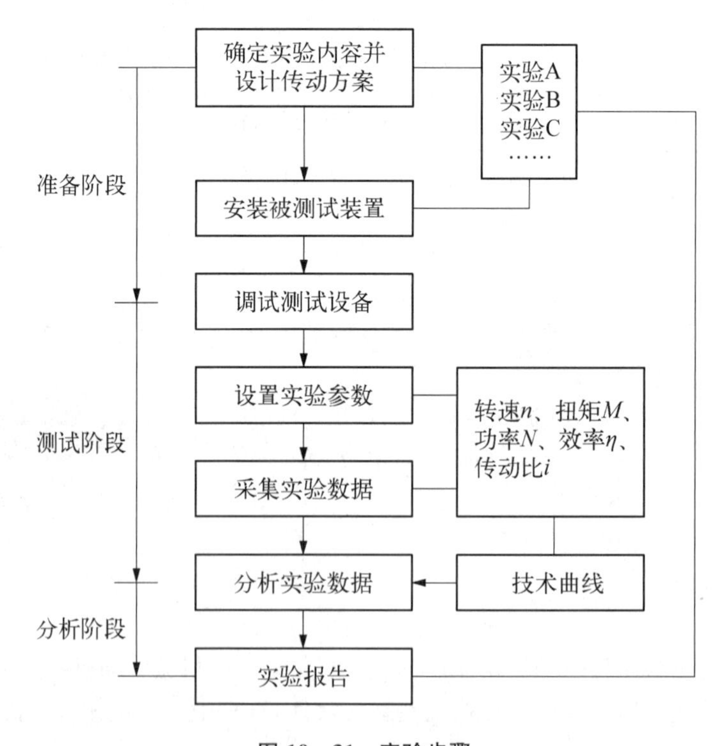

图 10－31　实验步骤

1. 准备阶段

(1) 认真阅读实验教材和实验台使用说明书。

(2) 确定实验类型与实验内容。

当选择单级典型机械传动装置性能测试实验时,可从 V 带传动、同步带传动、套筒滚子链传动、圆柱齿轮减速器、蜗杆减速器中选择 1 种进行传动性能测试实验。

当选择两级组合机械传动系统布置优化实验时,要确定选用的典型机械传动装置及其组合布置方案,并进行方案比较实验,如表 10－3 所示。

表 10－3　机械传动方案比较

序　　号	组合布置方案 A	组合布置方案 B
1	V 带传动-圆柱齿轮减速器	圆柱齿轮减速器- V 带传动
2	同步带传动-圆柱齿轮减速器	圆柱齿轮减速器-同步带传动
3	链传动-圆柱齿轮减速器	圆柱齿轮减速器-链传动
4	带传动-蜗杆减速器	蜗杆减速器-带传动
5	链传动-蜗杆减速器	蜗杆减速器-链传动
6	V 带传动-链传动	链传动- V 带传动
7	V 带传动-摆线针轮减速器	摆线针轮减速器- V 带传动
8	链传动-摆线针轮减速器	摆线针轮减速器-链传动

(3) 布置、安装被测机械传动装置。注意选用合适的调整垫片,确保传动轴之间的同轴要求。

(4) 按实验台使用说明书中要求对测试设备进行调零,以保证测量精度。

2. 测试阶段

(1) 打开实验台电源总开关和工控机电源开关。

(2) 点击“Test”,显示测试控制系统主界面,熟悉主界面的各项内容。

(3) 键入实验教学信息表:实验类型,实验编号,小组编号,实验人员,指导老师,实验日期等。

(4) 点击“设置”,确定实验测试参数:转速 n_1、n_2,扭矩 M_1、M_2 等。

(5) 点击“分析”,确定实验分析所需项目:设置曲线选项,绘制曲线,打印表格等。

(6) 启动主电机,进入“试验”。当电动机的转速加快至接近于同步转速时,进行加载。待数据显示稳定后,进行数据采样。分级加载,分级采样,采集 10 组左右数据即可。

(7) 从“分析”中调看参数曲线,确认实验结果。

(8) 打印实验结果。

(9) 结束测试。注意逐步卸载,关闭电源开关。

3. 分析阶段

对实验结果进行分析,并整理实验报告。实验报告的内容主要包括测试数据(表)、参数曲线等。

【实验报告】

请同学们根据以上所有操作和自己的思考完成实验报告。

机械传动机构设计、装配与测试实验报告

班　级	姓　名	学　　号	专　　业	实验日期

<table>
<tr><td colspan="7">实验成绩构成表</td></tr>
<tr><td rowspan="2">必要内容</td><td colspan="2">实验预习（实验前）</td><td colspan="2">实验完成（实验现场）
无教师签字无成绩</td><td>实验报告（实验后）
无实验报告无成绩</td><td>总成绩</td></tr>
<tr><td colspan="2"></td><td colspan="2"></td><td></td><td rowspan="3"></td></tr>
<tr><td rowspan="2">奖惩内容</td><td>加分项</td><td colspan="2"></td><td colspan="2">老师证明签字：</td></tr>
<tr><td>减分项</td><td colspan="2"></td><td colspan="2">老师证明签字：</td></tr>
</table>

一、实验概述及实验设备

二、实验原理

三、实验步骤

四、实验任务

1. 机械传动方案传动简图

2. 机械传动机构实物照片

3. 机械传动方案测试结果与技术曲线

五、预习思考题解答

六、实验结论或者心得

实验11 机械平衡实验

实验学时：2　　**实验类型：**验证　　**实验要求：**必修
实验手段：教师讲授＋学生独立操作

【实验概述】

本实验是机械原理课程的核心实验之一，通过本实验项目拟达到以下实验目的：

(1) 验证刚性转子平衡理论；

(2) 设计实验步骤进行两校正面互相影响系数测定；

(3) 掌握转子动平衡实验的基本方法和有关的测试技术。

本实验涉及以下实验设备：

YYQ－16A 型通用卧式硬支承动平衡机等。

【预习思考题】

1. 动平衡与静平衡的区别有哪些?
2. 哪些类型的试件需要进行动平衡实验？动平衡实验的理论依据是什么？
3. 试件经动平衡后是否还需要进行静平衡？为什么？
4. 为什么偏重太大的试件需要进行静平衡？

【实验原理】

1. 动平衡机及其测量原理

(1) YYQ 系列硬支承动平衡机的工作过程

YYQ－16A 型通用卧式硬支承动平衡机主要由机座、硬支承架(左、右各有1个)、被测转子、电机、带轮传动机构、压力传感器、光电传感器等组成，如图11－1所示。

被测转子通过两端的轴颈安装在硬支承架上，电机通过传动带驱动被测转子旋转；被测转子的轴颈上方装有一个光电传感器，用于测量转子的转速；左、右硬支承架上各装有一个压电传感器，用于测量由转子不平衡带来的振动。系统根据上述测量结果计算出转子的不平衡量。

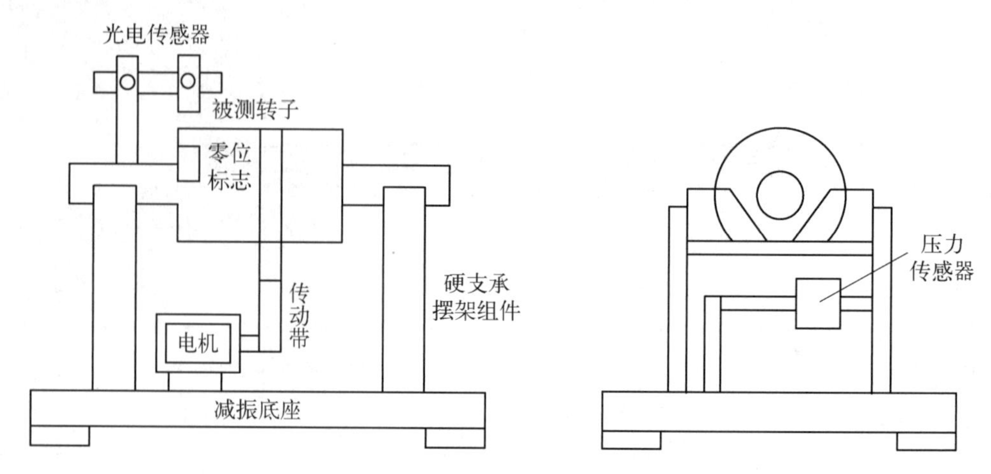

图 11－1　YYQ－16A 型通用卧式硬支承动平衡机的结构示意图

(2) YYQ 系列硬支承动平衡机的测控原理

该系列硬支承动平衡机的测控系统由工控机、数据采集器、光电传感器和压电传感器等组成，其结构原理如图 11－2 所示。

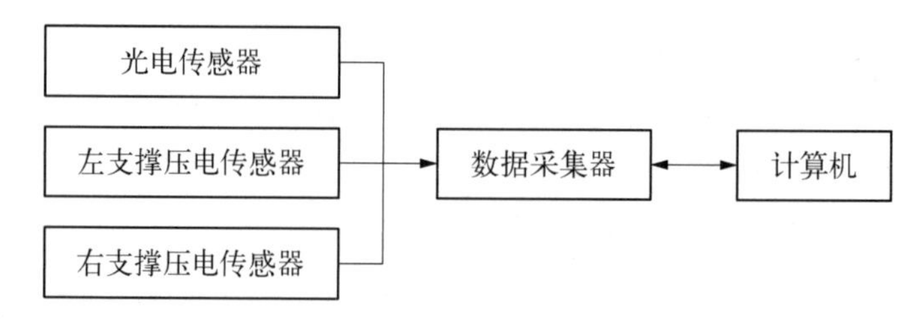

图 11－2　YYQ－16A 型通用卧式硬支承动平衡机的测试系统的结构原理

当被测转子旋转时，由于转子的中心惯性，主轴与其旋转轴线存在偏移而产生不平衡离心力，迫使支承做强迫振动，安装在左、右硬支承架上的两个有源压电传感器受强迫振动而发生机电能量转换，产生两路含有不平衡信息的电信号，并输出到数据采集装置的两个信号输入端；与此同时，安装在被测转子上方的光电传感器产生与转子旋转同频同相的参考信号，通过数据采集器输入计算机。计算机采集此三路信号，由虚拟仪器进行前置处理、滤波跟踪、幅度调整、相位调整、FFT 变换、校正面之间的分离解算及加权最小二乘处理等。最终算出左、右平衡面的配重(g)、校正角(°)，以及实测转速(r/min)。

2. 动平衡计算的平面分离原理(动平衡机测量的理论依据)

在硬支承动平衡机中，由于轴承支承架的刚性很大，因而被测转子不平衡旋转时产生的离心力仅能使支架产生微小摆动，故被测转子和轴承支承架在水平方向上不产生振动偏移。这样的作用力可以认为是作用在简支架上的“静力”，因此可以用静力学原理分析转子的动平衡条件。

对于一个动不平衡的刚性转子，总可以在与旋转轴线垂直而不过转子重心的两个平面(称作校正面)上，通过减去或者加上适当的质量来达到动平衡。当转子旋转时，支架上的轴承会受到“不平衡”交变动压力作用，这个动压力包含“不平衡”的大小和相位，因此在对这个动压力进行转换处理后，就可精确地得到转子的两个校正面上不平衡量的大小和位置。

由于传感器安装在支承轴承处，而实际上在转子的动平衡计算中，不是在转子的任何位置都可以进行加重或去重的，因而在动平衡时应当确定两个工艺允许的校正面，这就需要把轴承处测到的不平衡信号换算到两个校正面上。这可以运用静力学原理来实现，其原理如图 11-3 所示。

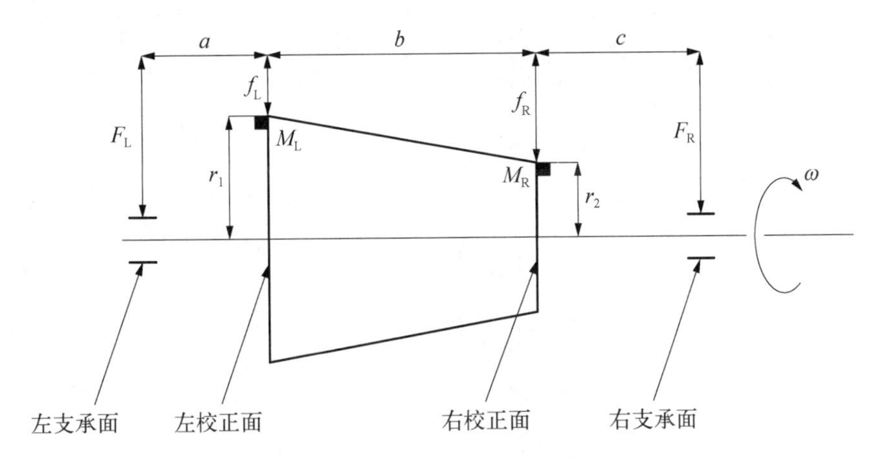

图 11-3 转子平衡受力示意图

在图 11-3 中，F_L、F_R 分别为左、右支承轴承承受的动压力；f_L、f_R 分别为左、右校正面上由不平衡量产生的离心力；M_L、M_R 分别为左、右校正面上的不平衡量；a、c 分别为左、右校正面与左、右支承轴承之间的距离；b 为左、右校正面之间的距离；r_1、r_2 分别为左、右校正面的半径；ω 为转子旋转角速度。

根据已知条件 a、b、c、ω（实验设定值）和 F_L、F_R（由传感器测量），可求得 M_L 和 M_R，求解过程如下。

由静力学原理可知，$\sum F=0$，$\sum M=0$，因此代入已知条件，可得

$$F_L+F_R-f_L-f_R=0$$

$$F_L(a+b+c)-f_L(b+c)-f_Rc=0$$

$$f_R=M_R\omega_2 r_2$$

$$f_L=M_L\omega_2 r_1$$

解上述方程组，得

$$M_R=[(1+c/b)F_R-(a/b)F_L]/(\omega_2 r_2) \quad (11-1)$$

$$M_L=[(1+a/b)F_L-(c/b)F_R]/(\omega_2 r_1) \quad (11-2)$$

式(11-1)和式(11-2)的物理意义：

① 几何与运动参数给定，校正面上应加或减的校正量与支承面上测得的动压力呈线性关系，因此系统可以直接计算出校正面上的不平衡量；

② 反过来，也可以根据校正面上的不平衡量推算出支承面上承受的动压力。

3. 软件功能介绍

启动计算机程序，自动进入双面平衡测量系统，任意点击鼠标，程序界面如图 11-4 所示。菜单栏有参数设置、定标补偿、测量显示、记录、诊断、实用工具六项。

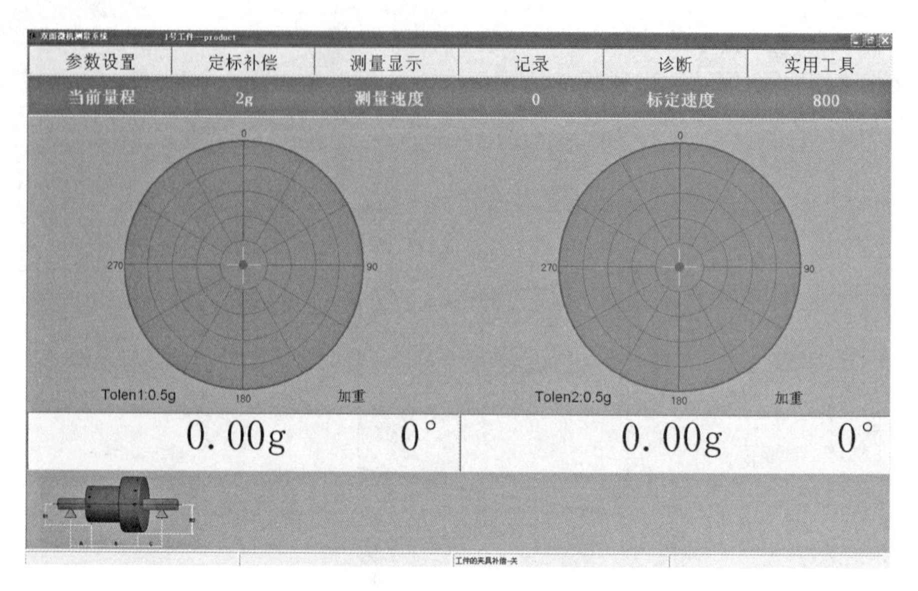

图 11－4　程序界面

当把鼠标移动到功能菜单上时，相应的菜单会变成蓝色，这时单击鼠标左键，就会弹出一个菜单条，菜单条上列出的是此菜单项下的可选功能。

下面分别详细介绍各菜单项的功能。

(1) 参数设置

参数设置界面有 5 个窗口，如图 11－5 所示，分别用于 5 种不同功能的设置。

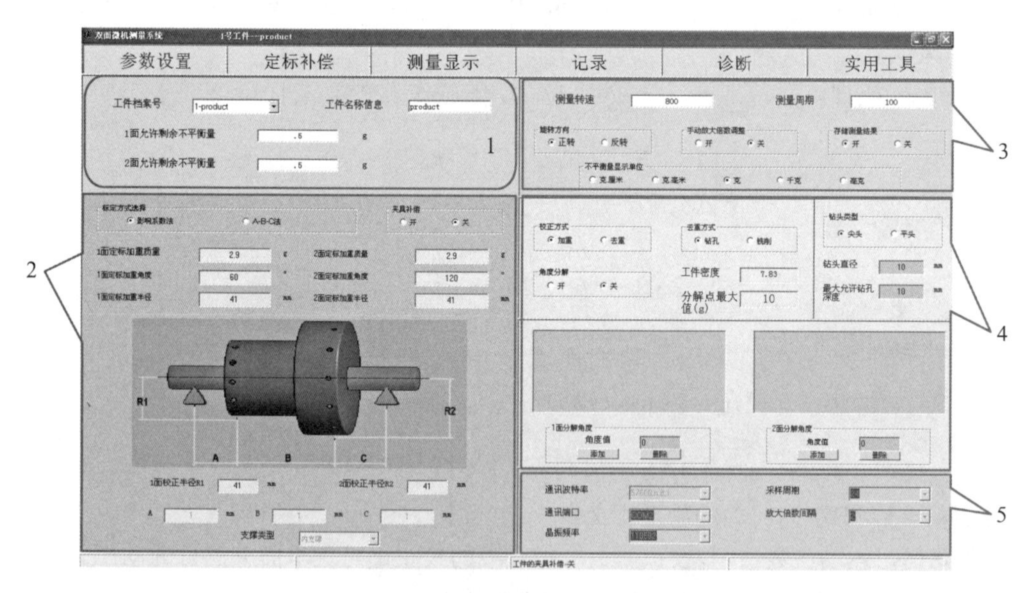

图 11－5　参数设置界面

① 窗口 1——工件参数设定：用于工件档案号、工件名称信息、面允许剩余不平衡量的编辑。

工件档案号： 转子档案的序号，用来给工件按顺序编号，输入 0～255 的数，即可存储 255 种工件的参数信息。

工件名称信息：可以输入工件的型号，以帮助记忆、方便调取工件档案。工件名称信息不能超过 20 个字符，也就是 10 个汉字，否则无法保存测量结果。

面允许剩余不平衡量：用来设置工件 1 面、2 面允许的剩余不平衡量的大小，该值用以提示 1 面、2 面上的不平衡量是否在合格的范围内。设定值的大小可以利用实用工具界面内的许用不平衡量计算器而计算得到。

② 窗口 2——标定方式与定标参数设定

标定方式选择：软件提供影响系数法和 A - B - C 法这两种工件的不平衡量的测量方法。

a. 影响系数法：进行一次定标，可以测量一种型号的工件，只需要设置待测工件的校正半径就可以进行定标测量。该测量方法的测量精度相对较高，但是每种型号的工件都需要建立一个转子档案并定标，已经定标的转子在测量时可以直接调用档案进行测量。

注意：*在用不同转速测量同一个工件时，需要用新的测量转速重新定标，这样才能准确测量。*

b. A - B - C 法：在同一个平衡工件号下，只要更改相应工件的 A、B、C 参数，就可实现"一次定标，多种测量"，即只进行一次定标，就可以进行多种不同型号的工件在定标转速下的不平衡量的测量和校正。

夹具补偿：打开此功能，程序会进行夹具补偿运算，将补偿掉由工装夹具产生的不平衡量；关闭此功能，则不进行夹具补偿运算。（注：一般使用工装时才需要打开该功能。）

现以影响系数法为例介绍定标参数的设定。（注：工件的左校正面为 1 面，右校正面为 2 面。）

1 面定标加重质量：在工件 1 面安装的标定试重的质量（定标操作时必须用天平称出输入数值大小的配重块来加重定标）。

2 面定标加重质量：在工件 2 面安装的标定试重的质量（定标操作时必须用天平称出输入数值大小的配重块来加重定标）。

1 面定标加重角度：在工件 1 面安装的标定试重的安装角度（标定试重时在刻度盘上找到与输入角度一致的角度安装配重块）。

2 面定标加重角度：在工件 2 面安装的标定试重的安装角度（标定试重时在刻度盘上找到与输入角度一致的角度安装配重块）。

1 面定标加重半径：在工件 1 面安装的标定试重的安装半径（一般选择与校正半径 R_1 一致的圆周进行加重）。

2 面定标加重半径：在工件 2 面安装的标定试重的安装半径（一般选择与校正半径 R_2 一致的圆周进行加重）。

1 面校正半径 R_1：工件左校正 1 平衡校正点的圆周半径（单位：mm）。

2 面校正半径 R_2：工件右校正 2 平衡校正点的圆周半径（单位：mm）。

注意：*1 面校正半径 R_1 和 2 面校正半径 R_2 必须准确输入，否则会影响测量精度。*

③ 窗口 3——测量参数设定

测量转速：工件标定与测量时的速度。如果实际转速和设定转速不一致，那么需要通过控制面板上的调速电位器把实际转速调至和设定转速一致。

测量周期：一次测量对应程序所采集的测量数据的个数。对全部数据求平均值，作为测量采样值，该值越大，测量时间就越长，测量精度就越高。

旋转方向：工件旋转方向。从左侧看过去，工件逆时针旋转为正转；反之，为反转。

手动放大倍数调整：打开此功能，测量时可以手动调节测量信号的大小；关闭此功能，则程序会自动调节测量信号的大小。

存储测量结果：打开此功能，每次测量完毕时程序都会在记录窗口中记录本次测量结果；关闭此功能，则不进行记录。

不平衡量显示单位：测量结果的单位可以根据需要进行选择。

④ 窗口 4——校正参数设定：工件校正参数主要包括校正方式、去重方式、角度分解、工件密度和钻头参数。

⑤ 窗口 5——通信参数设定：此窗口呈灰色，不允许修改。

(2) 定标补偿

定标补偿设置窗口包括两部分，如图 11－6 所示，左边是系统标定，右边是信号补偿。

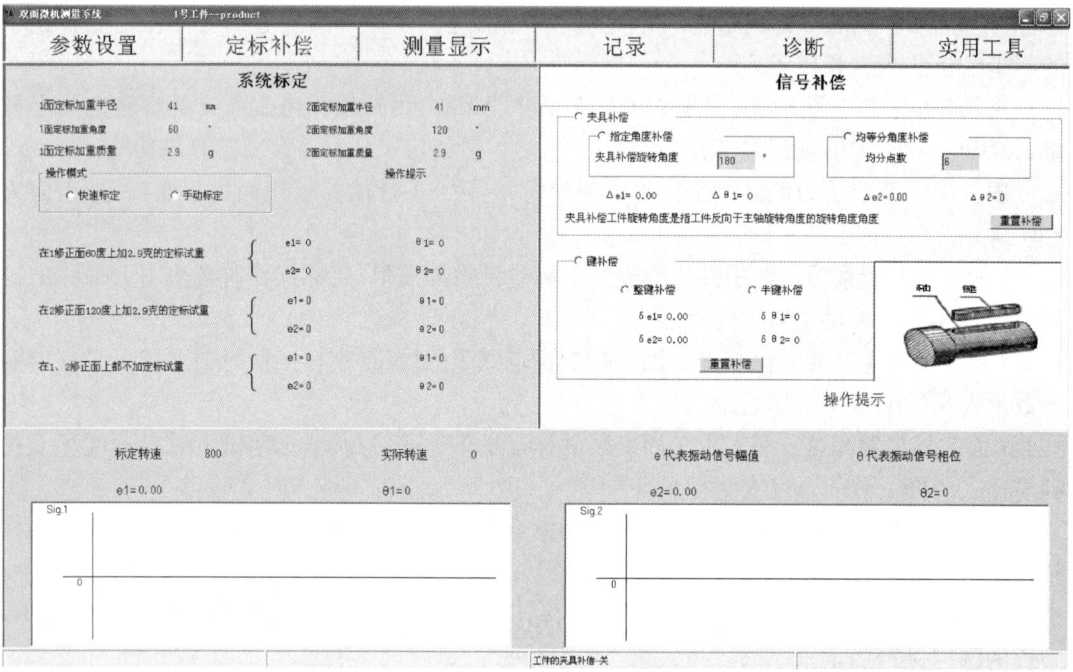

图 11－6　定标补偿界面

① 系统标定：显示两个校正面上的定标加重半径、定标加重角度和定标加重质量。操作模式包括快速标定和手动标定。

快速标定：严格按照标定提示进行操作。

手动标定：可以选择标定步骤进行操作。

② 信号补偿：包括夹具补偿、键补偿。

夹具补偿：用来减小工装的特殊角度对实际不平衡量的影响。

键补偿：分为整键补偿和半键补偿。

a. 整键补偿： 在工件上模拟有一个键存在，整键补偿量的大小是取补偿操作时键实际大小对工件造成的影响。

b. 半键补偿： 其大小是取实际键对工件造成影响的一半。

注： *对于无键与未使用夹具的转子平衡，忽略此补偿操作。*

重置补偿： 用来清除补偿量。

(3) 测量显示

测量显示界面显示的参数主要包括测量参数与测量结果，如图 11－7 所示。测量参数由当前量程、测量速度和标定速度组成。测量结果由两个校正面上的不平衡质量和不平衡方位表示。

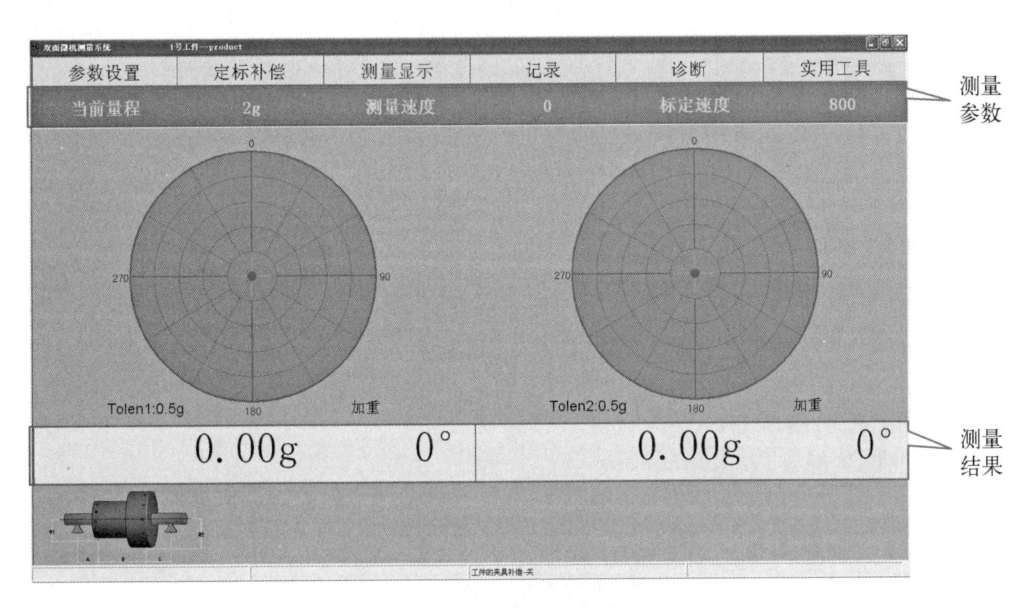

图 11－7　测量显示界面

当前量程： 和屏幕中间的两个极坐标有关系。

测量速度： 设备测得的工件当前的实时转速。该转速可以通过设备电控柜上的调试电位器进行调整。

标定速度： 在参数设置界面内设定的工件标定和测量时的转速。该转速不是工件的实际转速，如果不在参数设置界面内改动，那么其在测量显示界面中的数值是不会改变的。

注意： *在测量时，测量速度和标定速度必须保持一致。*

在界面中的极坐标显示区域，每个极坐标都有 5 个同心圆，由内到外的 4 个同心圆分别代表当前量程的五分之一、五分之二、五分之三、五分之四，最外面的同心圆代表当前量程，并标有角度。极坐标下面的"Tolen1"和"Tolen2"表示最大允许剩余不平衡量，该值在参数设置界面内设定。

极坐标显示区域下方为测量结果，显示校正面 1 和 2 上的当前测量值：不平衡质量和角度。

(4) 记录

全部测量结果可从记录界面中查询或者提取，如图 11－8 所示。

双面微机测量系统　1号工件—product

参数设置　定标补偿　测量显示　记录　诊断　实用工具

序号	转速	日期	1面测量幅值	1面角度	1面合格标准	2面测量幅值	2面角度	2面合格标准	转子号	备注
1	220	5/22/2019	0.01g	94	0.00g	0.02g	11	0.00g	1	product
2	665	5/22/2019	0.01g	191	0.00g	0.02g	236	0.00g	1	product
3	284	5/22/2019	0.00g	98	0.00g	0.00g	159	0.00g	1	product
4	535	5/22/2019	0.11g	218	0.00g	0.03g	200	0.00g	1	product
5	588	5/22/2019	0.15g	222	0.00g	0.03g	212	0.00g	1	product
6	690	5/22/2019	0.23g	231	0.00g	0.05g	222	0.00g	1	product
7	905	5/22/2019	0.16g	171	0.00g	0.25g	48	0.00g	1	product
8	905	5/22/2019	0.01g	353	0.00g	0.04g	348	0.00g	1	product
9	905	5/22/2019	0.01g	141	0.00g	0.01g	320	0.00g	1	product
10	905	5/22/2019	0.01g	216	0.00g	0.01g	349	0.00g	1	product
11	905	5/22/2019	0.01g	220	0.00g	0.02g	293	0.00g	1	product
12	905	5/22/2019	0.03g	199	0.00g	0.02g	334	0.00g	1	product
13	907	5/22/2019	0.03g	139	0.00g	0.06g	291	0.00g	1	product
14	906	5/22/2019	0.04g	334	0.00g	0.02g	207	0.00g	1	product
15	906	5/22/2019	0.02g	331	0.00g	0.01g	269	0.00g	1	product
16	906	5/22/2019	0.02g	316	0.00g	0.00g	179	0.00g	1	product
17	906	5/22/2019	0.00g	104	0.00g	0.01g	240	0.00g	1	product
18	906	5/22/2019	0.01g	81	0.00g	0.01g	246	0.00g	1	product
19	805	5/28/2019	0.12g	141	0.00g	0.38g	324	0.00g	1	product
20	805	5/28/2019	0.12g	181	0.50g	2.68g	84	0.50g	1	product
21	784	5/30/2019	0.17g	153	0.50g	0.41g	332	0.50g	1	product
22	785	5/30/2019	0.16g	151	0.50g	3.19g	277	0.50g	1	product
23	209	7/1/2020	0.15g	322	0.50g	0.03g	43	0.50g	1	product

打印选中记录

打印今日记录

打印测试报表

删除所选记录

报表公司名称

工件的夹具补偿-关

图 11-8　记录界面

（5）诊断

诊断界面如图 11-9 所示。

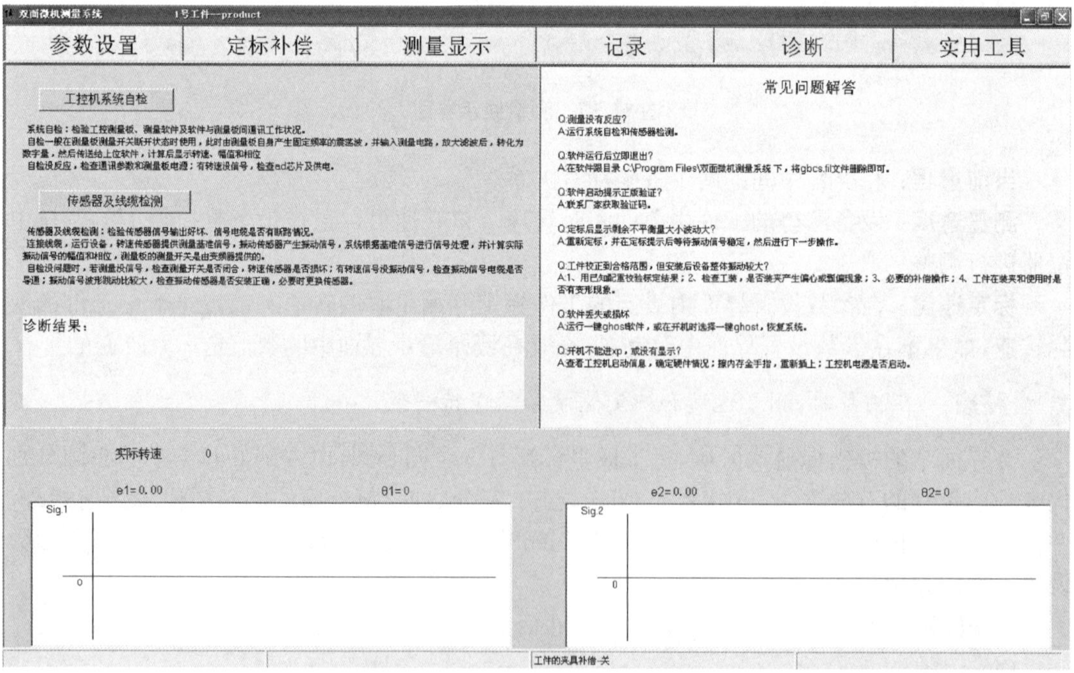

双面微机测量系统　1号工件—product

参数设置　定标补偿　测量显示　记录　诊断　实用工具

工控机系统自检

系统自检：检验工控测量板、测量软件及软件与测量板间通讯工作状况。
自检一般在测量板测量开关断开状态时使用，此时由测量板自身产生固定频率的震荡波，并输入测量电路，放大滤波后，转化为数字量，然后传送给上位软件，计算后显示转速、幅值和相位
自检没反应，检查通讯参数和测量板电源；有转速没信号，检查ad芯片及供电。

传感器及线缆检测

传感器及线缆检测：检验传感器信号输出好坏、信号电缆是否有断路情况。
连接线缆，运行设备，转速传感器提供测量基准信号，振动传感器产生振动信号，系统根据基准信号进行信号处理，并计算实际振动信号的幅值和相位，测量板的测量开关是由变频器提供的。
自检没问题时，若测量没信号，检查测量开关是否闭合，转速传感器是否损坏；有转速信号没振动信号，检查振动信号电缆是否导通；振动信号波形跳动比较大，检查振动传感器是否安装正确，必要时更换传感器。

诊断结果：

常见问题解答

Q:测量没有反应?
A:运行系统自检和传感器检测。

Q:软件运行后立即退出?
A:在软件跟目录 C:\Program Files\双面微机测量系统 下，将gbcs.fil文件删除即可。

Q:软件启动提示正版验证?
A:联系厂家获取验证码。

Q:定标后显示剩余不平衡量大小波动大?
A:重新定标，并在定标提示后等待振动信号稳定，然后进行下一步操作。

Q:工件校正到合格范围，但安装后设备整体振动较大?
A:1、用已知配重校验标定结果；2、检查工装，是否装夹产生偏心或歪偏现象；3、必要的补偿操作；4、工件在装夹和使用时是否有变形现象。

Q:软件丢失或损坏
A:运行一键ghost软件，或在开机时选择一键ghost，恢复系统。

Q:开机不能进xp，或没有显示?
A:查看工控机启动信息，确定硬件情况；擦内存金手指，重新插上；工控机电源是否启动。

实际转速　0

e1=0.00　θ1=0　e2=0.00　θ2=0

Sig.1　0　Sig.2　0

工件的夹具补偿-关

图 11-9　诊断界面

分别点击“工控机系统自检”和“传感器及线缆检测”两个按键，诊断结果窗口中会显示对应检测结果。

(6) 实用工具

实用工具界面如图 11－10 所示。

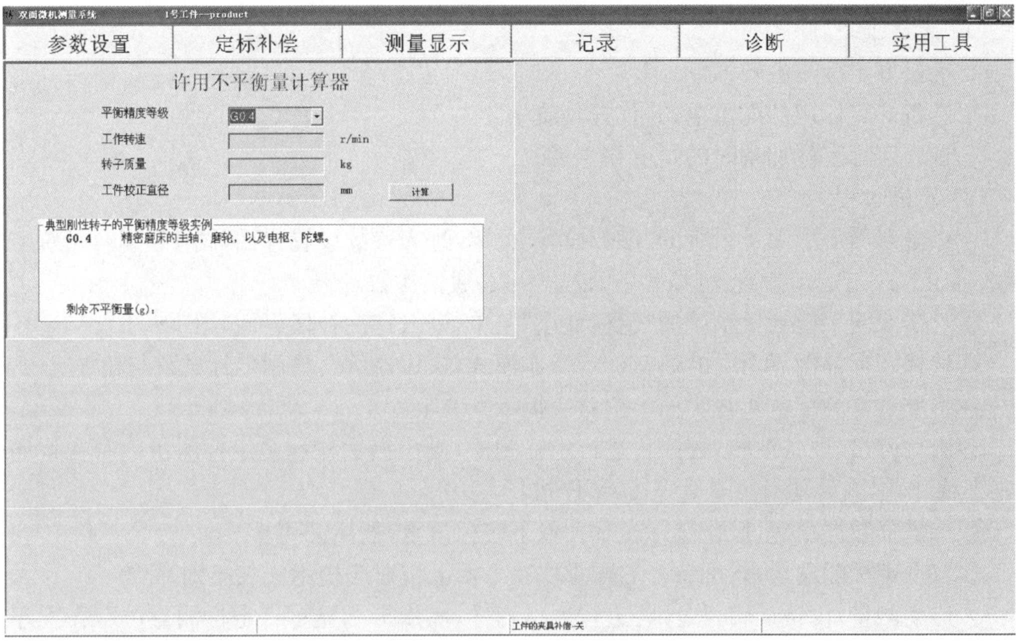

图 11－10　实用工具界面

在许用不平衡量计算器下方选择和填入相应的数值，即可计算出校正面 1 和 2 的允许剩余不平衡量。

【实验任务】

1. 在了解动平衡机的组成和工作原理的基础上，利用工业动平衡机验证刚性转子平衡理论。
2. 根据自己设计的实验步骤做两校正面互相影响系数测定实验。
3. 根据转子动平衡原理，对机械转子系统做回转构件的动平衡实验，加深和巩固回转构件动平衡原理。

【实验注意事项】

1. 设备总电源为 380 V，请务必注意实验过程的用电安全。
2. 实验仪器操作务必在实验老师指导下完成，仪器、设备接线完成后需实验老师确认，无误后方可启动，不得随意开启。
3. 请严格按照仪器、设备的操作规程和使用规范进行操作。
4. 在实验完成后，需实验老师确认实验数据或实验现象。

【实验步骤】

1. 检查电源是否接通,启动计算机程序,系统自动进入双面平衡测量界面(图 11－4)。

2. 定标

(1) 定标准备

① 准备好定标用的转子。

② 准备好定标用的配重块,并称好其质量。

③ 预先定好定标加重时的角度和半径。

(2) 定标过程

① 点击双面平衡测量系统的“参数设置”菜单,进入参数设置界面(图 11－5),设置工件参数、标定方式与定标参数、测量参数、校正参数、通信参数。

② 点击双面平衡测量系统的“定标补偿”菜单,进入定标补偿界面(图 11－6)。

③ 选择定标补偿界面中的快速标定操作模式,操作提示会显示定标试重与角度。

④ 将准备好的配重块在 1 面上按对应提示安装牢固。

⑤ 启动测量,设备运转,程序将进行定标测量,操作提示显示:“定标测量中”;在程序采样完毕后,操作提示显示:“测量完毕,请停机!”

⑥ 待采样数据稳定,操作提示显示:“取下定标试重,然后开机!”

⑦ 取下定标配重块,将准备好的配重块在 2 面上按对应提示安装牢固。

⑧ 启动测量,设备运转,程序将进行测量测样,操作提示显示:“定标测量中”;在程序采样完毕后,操作提示显示:“定标操作完成,请点击‘计算按钮!’”

⑨ 待采样数据稳定,按下计算系数键,完成定标操作,操作提示显示:“定标完成”。

3. 动平衡测量

① 点击双面平衡测量系统的“测量显示”菜单,进入测量显示界面(图 11－7)。

② 按下电控柜上的启动测量按钮,并调节转速,使测量速度与标定速度接近。

③ 转子的校正面 1 和 2 的不平衡质量及其方位的测量结果分别位于两个极坐标下方,当框内滚动条充满文本框时,直接读数即可。其中,绿色表示不平衡量在允许不平衡量范围内;红色表示不平衡量超出允许不平衡量范围,需停机,加质量平衡。

④ 停止测量,根据测量结果提示的不平衡质量及其方位加质量平衡,直至不平衡量在允许不平衡量范围内(记录每次加载的质量和角度)。

⑤ 启动测量,记录测量结果。

若不平衡量仍然超出允许不平衡量范围,则重复步骤④⑤。

4. 测量结果查询

点击双面平衡测量系统的“记录”菜单,进入记录界面(图 11－8),可查询和保存测量结果,以便后期分析处理。

【实验报告】

请同学们根据以上所有操作和自己的思考完成实验报告。

机械平衡实验报告

班　级	姓　名	学　　号	专　　业	实验日期

<table>
<tr><td colspan="7">实验成绩构成表</td></tr>
<tr><td rowspan="2">必要
内容</td><td colspan="2">实验预习(实验前)</td><td colspan="2">实验完成(实验现场)
无教师签字无成绩</td><td>实验报告(实验后)
无实验报告无成绩</td><td>总成绩</td></tr>
<tr><td colspan="2"></td><td colspan="2"></td><td></td><td rowspan="3"></td></tr>
<tr><td rowspan="2">奖惩
内容</td><td>加分项</td><td colspan="2"></td><td colspan="2">老师证明签字：</td></tr>
<tr><td>减分项</td><td colspan="2"></td><td colspan="2">老师证明签字：</td></tr>
</table>

一、实验概述及实验设备

二、实验原理

三、实验步骤

四、实验任务

实验序号	测　量　参　数							
	测量速度 1/(r/min)：			标定速度 1/(r/min)：			许用不平衡量/g：	
1	左校正面(1 面)				右校正面(2 面)			
	配重质量和方位		不平衡量和方位		配重质量和方位		不平衡量和方位	
(1)	0 g	0°			0 g	0°		
(2)								
(3)								
结论								

续 表

<table>
<tr><td rowspan="2">实验
序号</td><td colspan="8">测　量　参　数</td></tr>
<tr><td colspan="3">测量速度 2/(r/min)：</td><td colspan="3">标定速度 2/(r/min)：</td><td colspan="2">许用不平衡量/g：</td></tr>
<tr><td rowspan="2">2</td><td colspan="4">左校正面(1 面)</td><td colspan="4">右校正面(2 面)</td></tr>
<tr><td colspan="2">配重质量和方位</td><td colspan="2">不平衡量和方位</td><td colspan="2">配重质量和方位</td><td colspan="2">不平衡量和方位</td></tr>
<tr><td>(1)</td><td>0 g</td><td>0°</td><td></td><td></td><td>0 g</td><td>0°</td><td></td><td></td></tr>
<tr><td>(2)</td><td></td><td></td><td></td><td></td><td></td><td></td><td></td><td></td></tr>
<tr><td>(3)</td><td></td><td></td><td></td><td></td><td></td><td></td><td></td><td></td></tr>
<tr><td>结论</td><td></td><td></td><td></td><td></td><td></td><td></td><td></td><td></td></tr>
</table>

五、预习思考题解答

六、实验结论或者心得

实验 12　减速器拆装与结构分析

实验学时：2　　**实验类型：**综合　　**实验要求：**必修
实验手段：线上教学＋教师讲授＋学生独立操作

【实验概述】

本实验是机械设计、机械设计基础课程的核心实验之一，通过本实验项目拟达到以下实验目的：

(1) 掌握减速器的类型及特点；

(2) 掌握减速器箱体、轴、齿轮等主要零件的结构及减速器附件的功用；

(3) 掌握减速器各零件的装配关系及调整方式，以及齿轮与轴承的润滑、密封方式；

(4) 测量典型减速器的主要参数。

本实验涉及以下实验设备：

(1) 展开式双级圆柱齿轮减速器、分流式双级圆柱齿轮减速器、同轴式双级圆柱齿轮减速器、单级圆锥齿轮减速器、圆锥-圆柱齿轮减速器、蜗杆上置式减速器、蜗杆下置式减速器、摆线针轮减速器、谐波齿轮减速器等共计 16 台；

(2) 开口扳手、游标卡尺、活动扳手、钢直尺等；

(3) 学生自备的绘图工具、文具等。

【预习思考题】

1. 列举至少 3 种生产、生活中使用减速器工作的场合。
2. 减速器工作时是否需要润滑？若需要，则哪些零配件工作时需要润滑？
3. 减速器是否需要密封？若需要，则哪些部位需要密封？

【实验原理】

常用减速器的类型有圆柱齿轮减速器、圆锥齿轮减速器、圆锥-圆柱齿轮减速器和蜗杆减速器等。圆柱齿轮减速器传递平行轴的传动，其传递功率可以从很小到数万千瓦，齿轮圆周速度可以从很低到 60～70 m/s，该类型减速器的加工工艺简单、精度较易保证，一般工厂均能制造，故应用较广泛。单级圆柱齿轮减速器的传动比一般小于 8，双级圆柱齿轮减速器的传动比一般为 8 ～ 40，多级圆柱齿轮减速器的传动比一般大于 40。

双级圆柱齿轮减速器按其传动布置形式可分为展开式、分流式、同轴式。其中，展开式最为简单，但因齿轮相对于轴承不对称布置，故引起载荷沿齿宽分布不均匀，如图 12 - 1 所示；分流式的齿轮相对于轴承对称布置，使受力分布较均匀，另外高速级的齿轮可采用一对斜齿轮，一个为左旋，另一个为右旋，使轴向力可相互抵消，如图 12 - 2 所示；同轴式的输入轴和输出轴在同一轴线上，使箱体的长度缩短，而减速器的轴向尺寸和质量较大、中间轴较长、刚度较差，如图 12 - 3 所示。

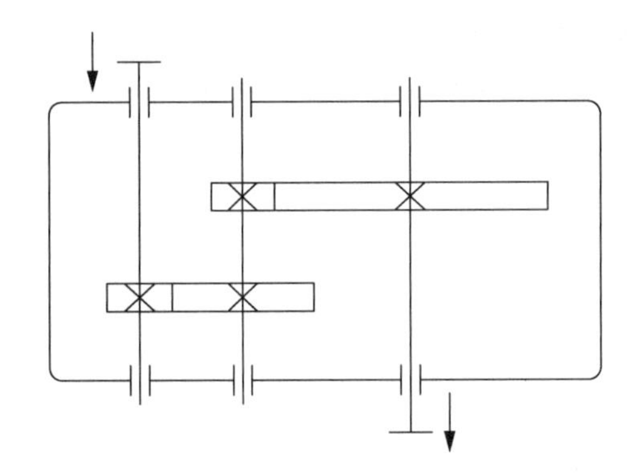

图 12 - 1　展开式双级圆柱齿轮减速器

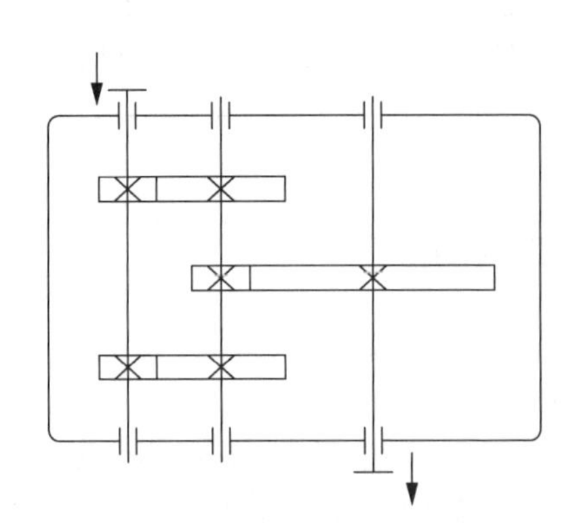

图 12 - 2　分流式双级圆柱齿轮减速器

圆锥齿轮减速器传递相交轴的传动，其承载能力低于圆柱齿轮减速器，齿轮圆周速度一般小于 5 m/s，传动比一般小于 4，应用不如圆柱齿轮减速器那样广泛。单级圆锥齿轮减速器如图 12 - 4 所示。在圆锥-圆柱齿轮减速器中，为了使圆锥齿轮受力减小，将圆锥齿轮放在高速级，小圆锥齿轮往往采用悬臂式安装，该类型减速器的传动比一般小于 22。圆锥-圆柱齿轮减速器如图 12 - 5 所示。

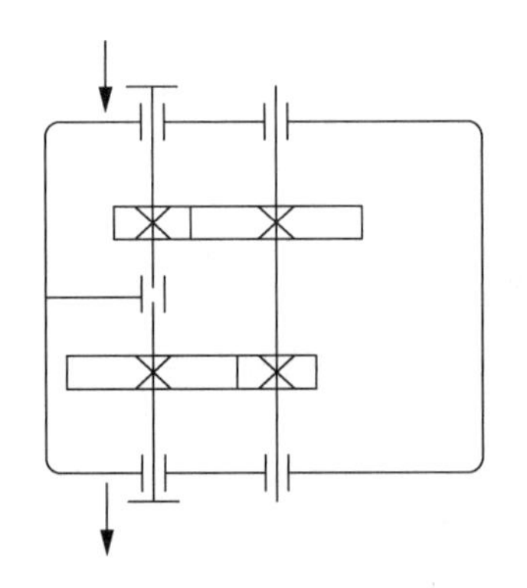

图 12 - 3　同轴式双级圆柱齿轮减速器

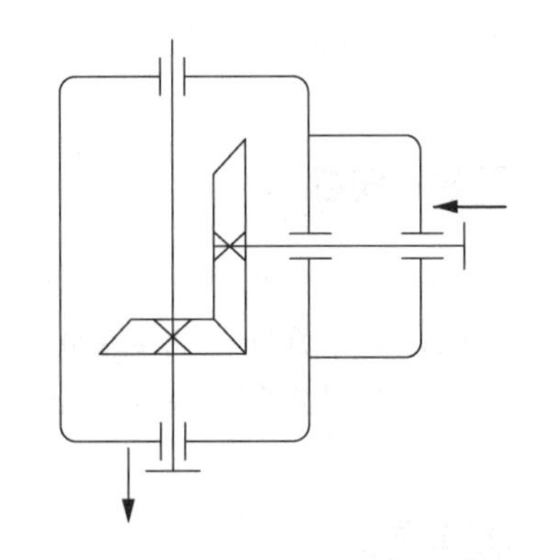

图 12 - 4　单级圆锥齿轮减速器

蜗杆减速器传递交错轴的传动，其传动比一般大于 10，结构紧凑，但效率低，功率不大于 50 kW。蜗杆减速器有上置蜗杆和下置蜗杆两种不同的形式，也有蜗杆布置在蜗轮侧边的少数情况。单级蜗杆减速器如图 12 - 6 所示。

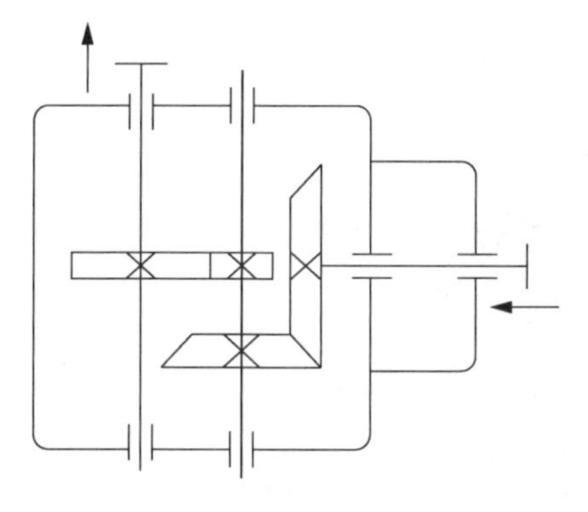

图 12 - 5　圆锥-圆柱齿轮减速器

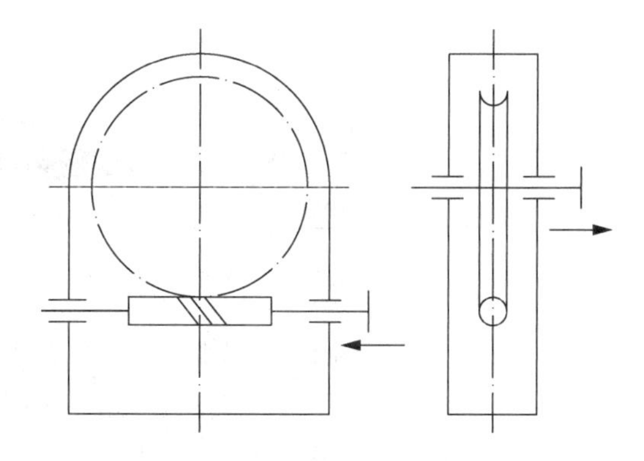

图 12 - 6　单级蜗杆减速器

【实验任务】

1. 学生分组并任选一台套装配完整的减速器进行拆卸，在该过程中分析减速器主要零件的结构及附件的功用，各零件的装配关系、精度、定位尺寸，齿轮和轴承润滑系统的结构、布置，输入轴、输出轴与轴承端盖之间的密封方式，轴承轴向间隙的调整方式等。

2. 完成实验报告要求内容。

3. 将减速器重新装配复原。

【实验注意事项】

1. 由于减速器教具的材质为塑料与铸铝，因而拆装过程中不可使用工具重砸、敲等，徒手拆装即可，同时注意安全，防止重物掉落伤及人身。

2. 减速器教具共有 5 种不同的类型，不同拆装平台上的减速器教具的类型不同，故零件不通用，切忌弄混，注意保护零件不丢失。

【实验步骤】

1. 认识减速器。根据课前预习内容(线上课程教学视频)、实验室减速器教具、3D 教学图板，以及图 12 - 7、图 12 - 8 等认识减速器。

(1) 判断所选减速器为何种类型的减速器及其级数，以及输入轴与输出轴分别是什么。

(2) 观察外部附件，了解起吊装置、定位销、起盖螺钉、油标、放油塞、通气器等的作用并判断各自的位置。

(3) 思考箱体、箱盖上为什么要设计筋板，筋板的作用是什么，筋板应如何布置。

(4) 仔细观察轴承座的结构和形状，思考凸台高度应如何确定。

(5) 思考起盖螺钉的作用是什么，它与普通螺钉的结构有什么不同。

(6) 分析定位销的功用。

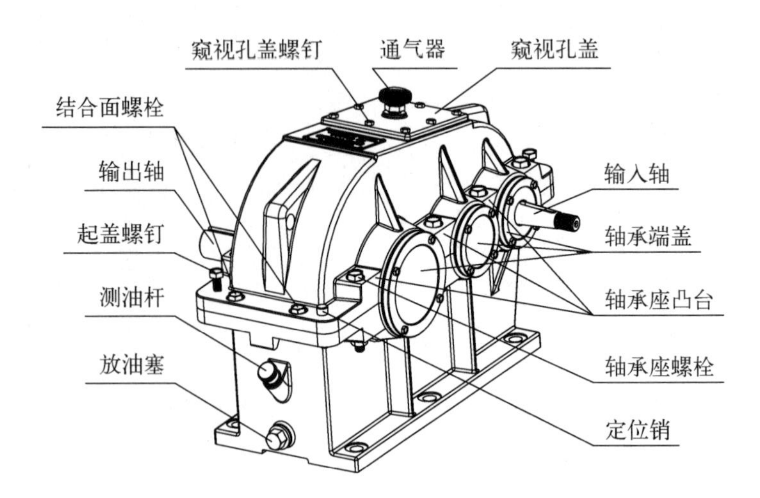

图 12-7　典型双级圆柱齿轮减速器

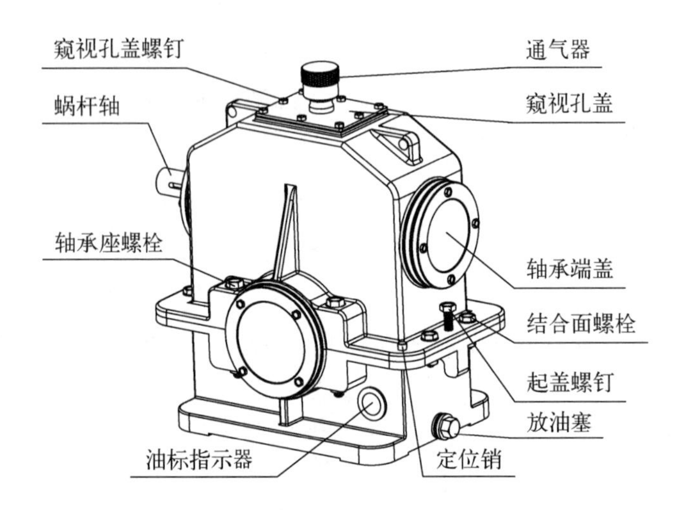

图 12-8　蜗杆上置式减速器

2. 拆卸减速器上箱体，包括定位销、轴承座螺栓、结合面螺栓、轴承端盖螺钉、轴承端盖等。

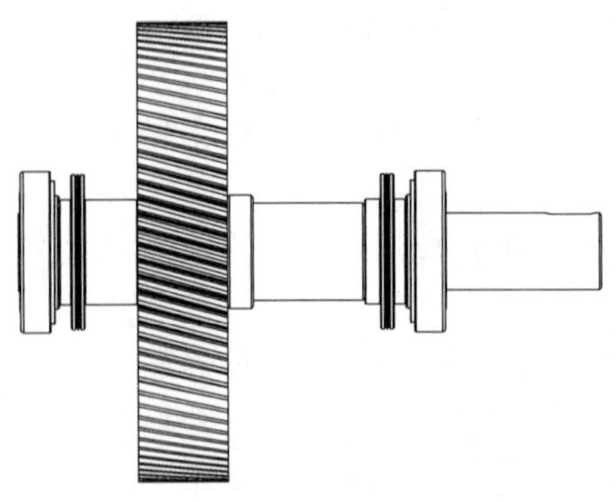

图 12-9　轴上零件装配方式正视图

3. 明确减速器传动方案，分析从输入轴齿轮至输出轴齿轮的啮合传动情况。

4. 分析轴上零件的装配结构。常见减速器装配方式如图 12-9～图 12-16 所示。

5. 完成实验报告表 12-4～表 12-6 中内容。相关内容可参见后文图 12-23～图 12-26 和表12-1～表 12-3。

6. 请指导老师检查测量结果，若无误，则继续后续步骤。

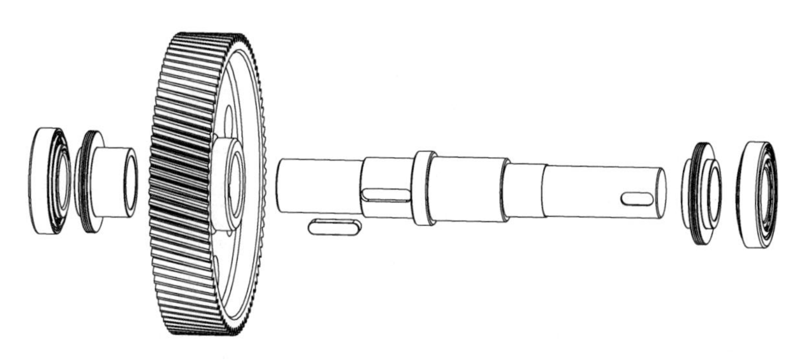

图 12－10　轴上零件装配方式爆炸图

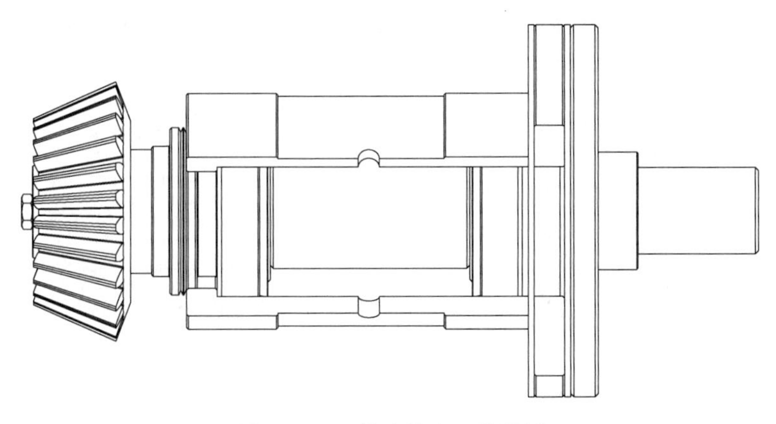

图 12－11　锥齿轮套环装配图

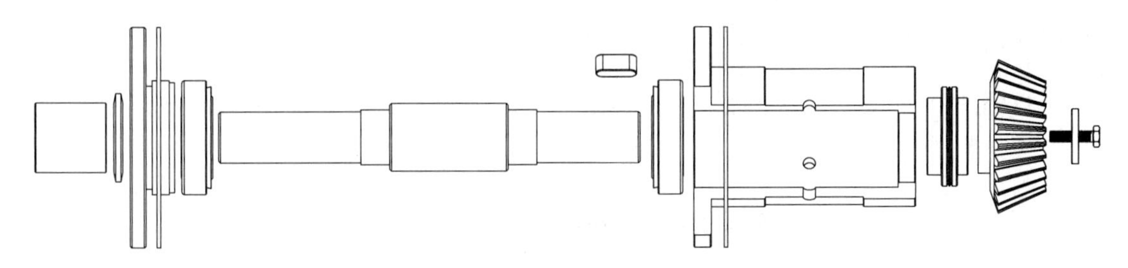

图 12－12　锥齿轮套环装配正视爆炸图

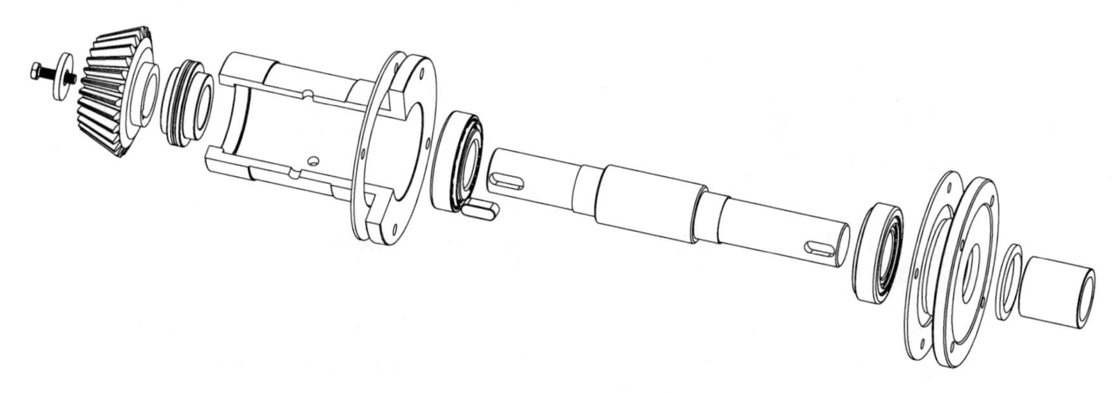

图 12－13　锥齿轮套环装配等轴侧爆炸图

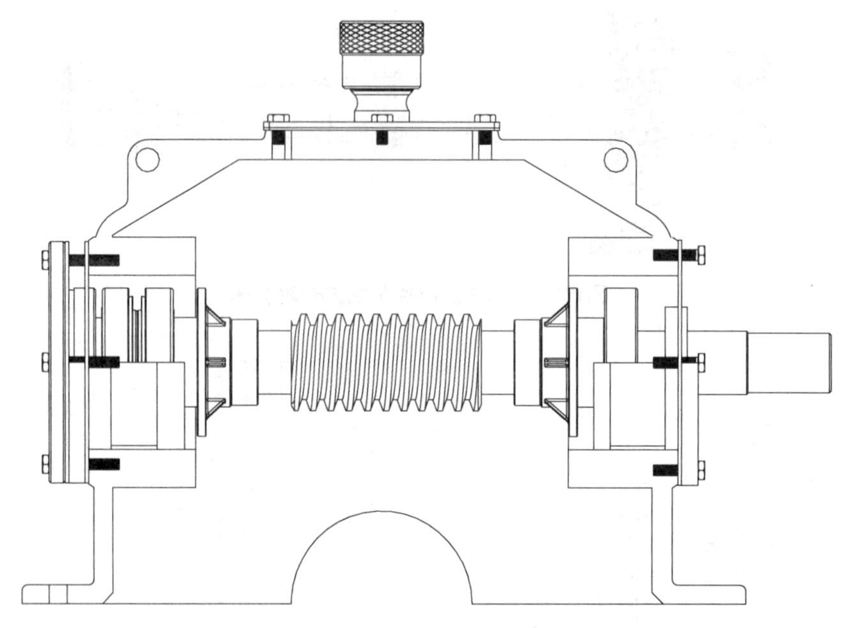

图 12－14　蜗杆减速器上箱体装配图

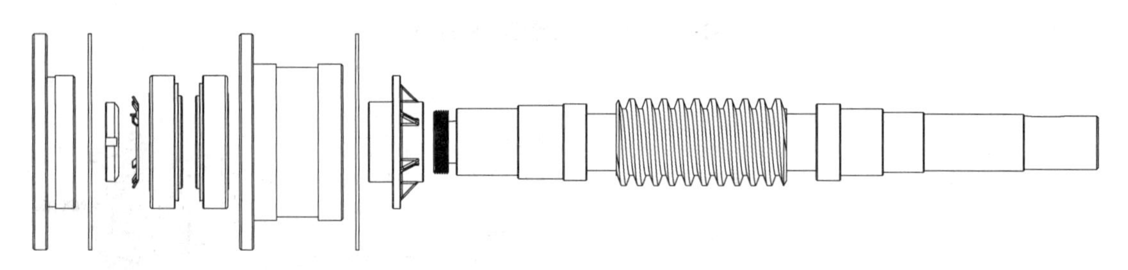

图 12－15　蜗杆减速器蜗杆轴套环部分装配正视爆炸图

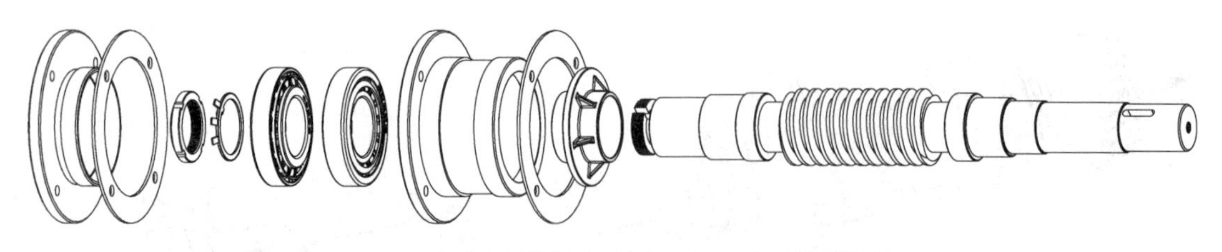

图 12－16　蜗杆减速器蜗杆轴套环部分装配轴侧爆炸图

7. 装配减速器下箱体传动轴系，包括轴（蜗杆）、键、齿轮（蜗轮）、轴套（挡油环）、轴承、测油杆、放油塞等。常见错误方式如图 12－17～图 12－22 所示，比如挡油环方向颠倒、轴承和轴套（或挡油环）顺序颠倒、圆锥滚子轴承方向颠倒等，应避免。

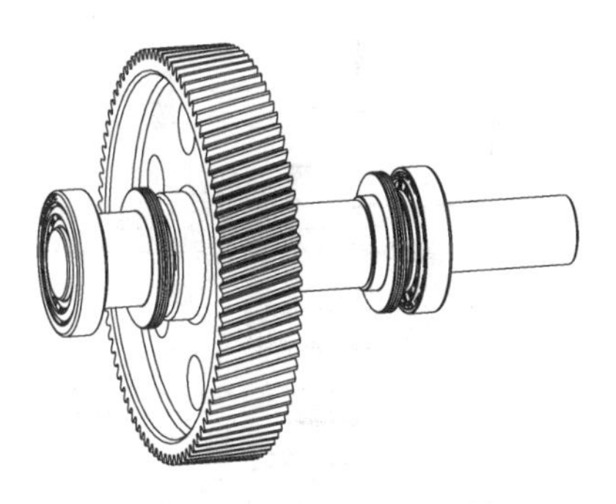

图 12 - 17　左侧挡油环装反(轴侧图)

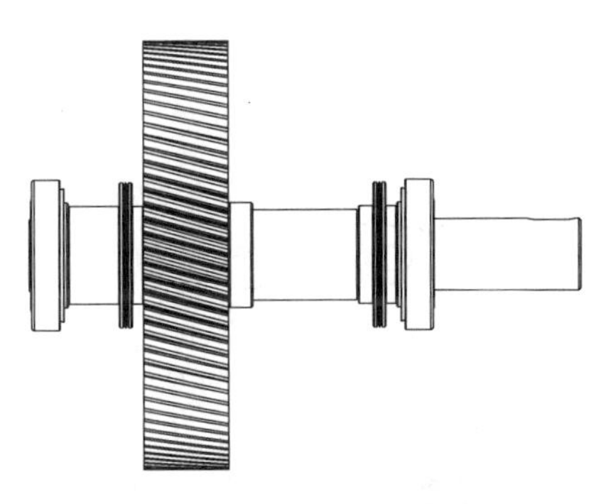

图 12 - 18　左侧挡油环装反(正视图)

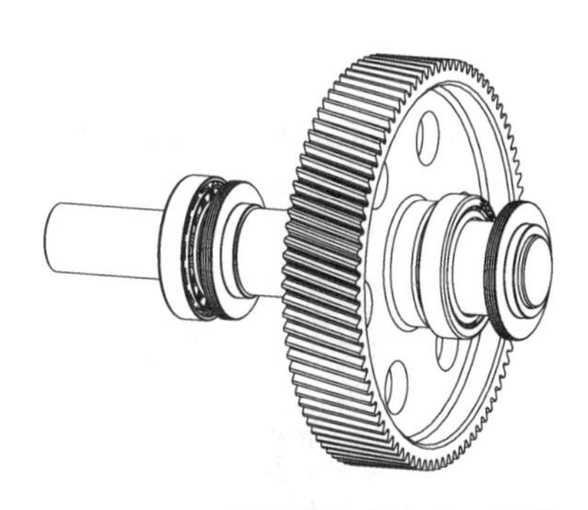

图 12 - 19　右侧轴承和挡油环位置颠倒(轴侧图)

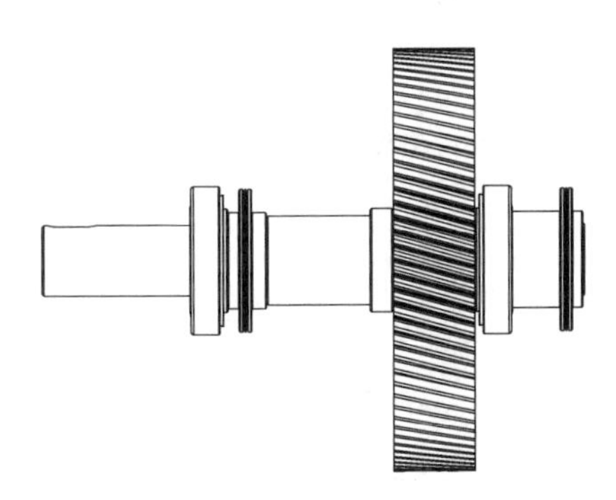

图 12 - 20　右侧轴承和挡油环位置颠倒(正视图)

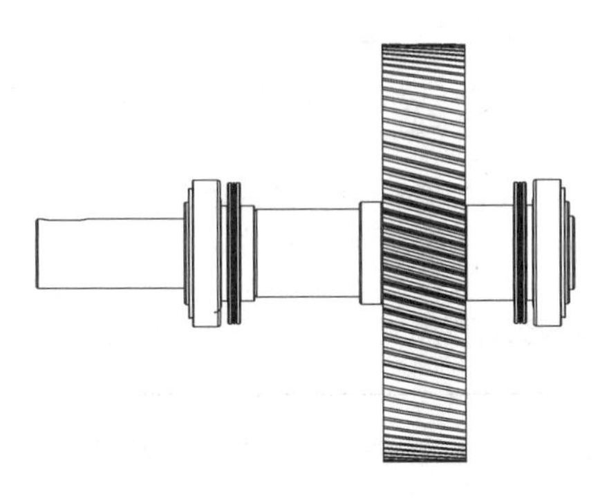

图 12 - 21　圆锥滚子轴承装反(装配图)

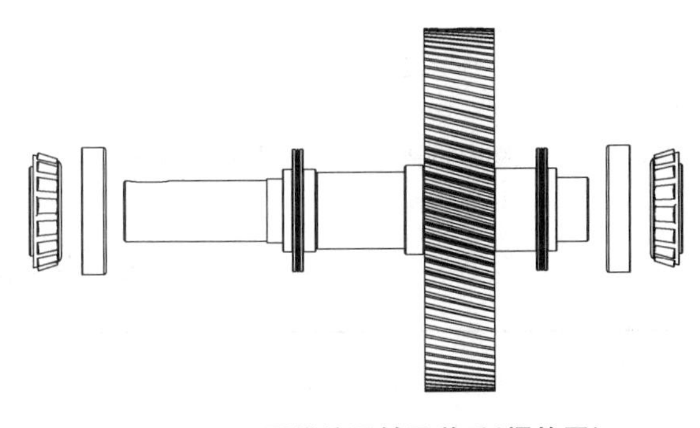

图 12 - 22　圆锥滚子轴承装反(爆炸图)

8. 请指导老师检查减速器下箱体装配结果是否正确,若无误,则继续后续步骤。

9. 装配减速器上箱体及相关零件,如定位销、轴承端盖、轴承座螺栓、结合面螺栓、起盖螺钉等。注意螺栓、螺钉等零件无须拧紧,以防止螺纹过早失效。

10. 请指导老师检查实验工具,尤其是游标卡尺。

11. 将减速器和实验工具等摆放整齐。

12. 请指导老师验收并在实验报告上签字,实验结束。

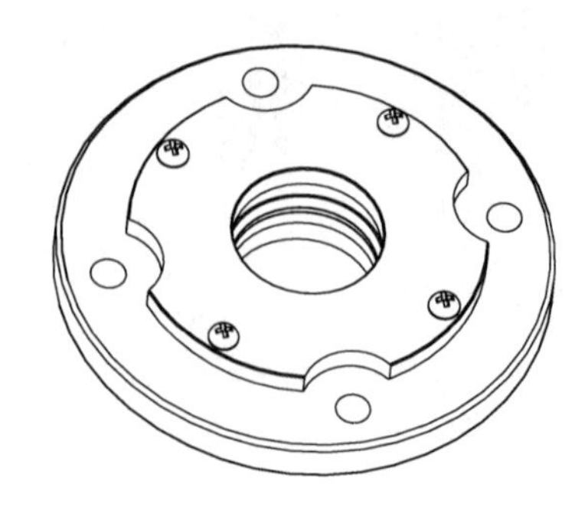

图 12－23　橡胶皮碗式密封(装配图)

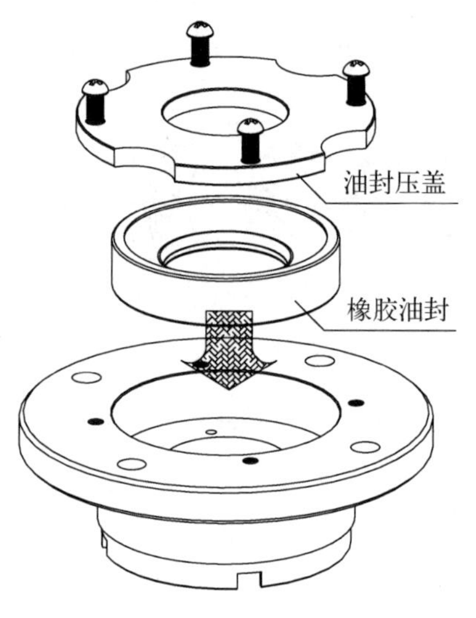

图 12－24　橡胶皮碗式密封(爆炸图)

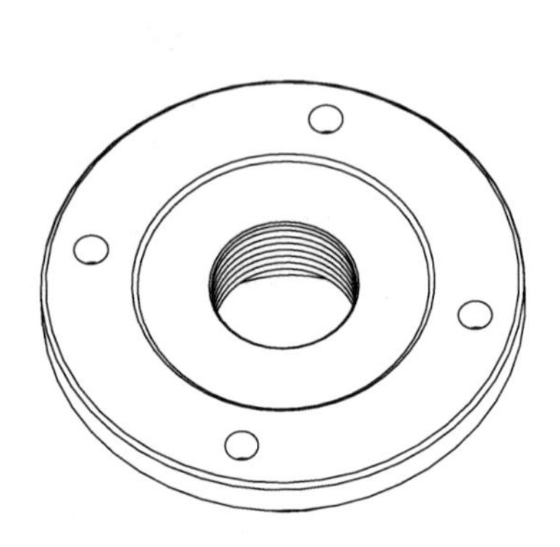

图 12－25　圈形间隙式密封(注意中间结构)

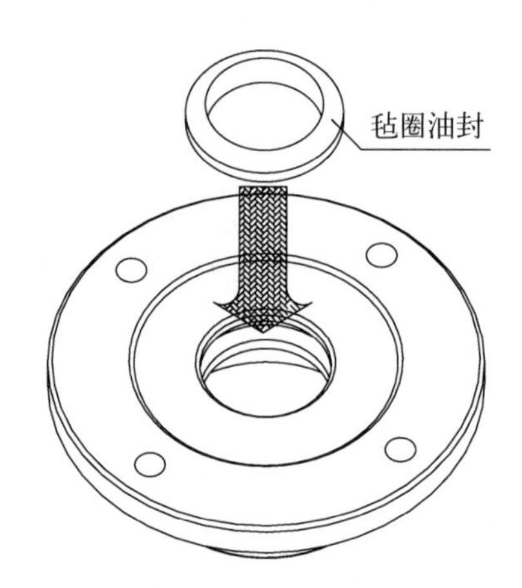

图 12－26　毡圈式密封

表 12－1　部分 62XX 系列的轴承内径及附图

型号	6206	6207	6208	…	装　配　图	部分零件分解图(爆炸图)
轴承内径 d/mm	30	35	40	…		

注：6—深沟球轴承；2—轻系列；$XX = d/5$。

表 12－2　部分 302*XX* 系列的轴承内径及附图

型号	30206	30207	30208	…	装　配　图	部分零件分解图(爆炸图)
轴承内径 d/mm	30	35	40	…		

注：3—圆锥滚子轴承；2—轻系列；$XX = d/5$。

表 12－3　部分 72*XX* 系列的轴承内径及附图

型号	7206	7207	7208	…	装　配　图	部分零件分解图(爆炸图)
轴承内径 d/mm	30	35	40	…		

注：7—角接触球轴承；2—轻系列；$XX = d/5$。

【实验报告】

请同学们根据以上所有操作和自己的思考完成实验报告。

减速器拆装与结构分析实验报告

班　级	姓　名	学　　号	专　　业	实验日期

<table>
<tr><th colspan="6">实验成绩构成表</th></tr>
<tr><td rowspan="2">必要
内容</td><td>实验预习（实验前）</td><td colspan="2">实验完成（实验现场）
无教师签字无成绩</td><td>实验报告（实验后）
无实验报告无成绩</td><td>总成绩</td></tr>
<tr><td></td><td colspan="2"></td><td></td><td rowspan="3"></td></tr>
<tr><td rowspan="2">奖惩
内容</td><td>加分项</td><td colspan="2"></td><td>老师证明签字：</td></tr>
<tr><td>减分项</td><td colspan="2"></td><td>老师证明签字：</td></tr>
</table>

一、实验概述及实验设备

二、实验原理

三、实验步骤

四、实验任务

1. 减速器类型与名称：______________________。
2. 圆柱齿轮减速器主要参数分析与测量

表 12-4　圆柱齿轮减速器主要参数分析与测量表

名　　称	第 1 轴（输入轴或称高速轴，一般为直径最小的轴）	第 2 轴（中间轴）		第 3 轴（输出轴或称低速轴，一般为直径最大的轴）
齿数	$z_1 =$	$z_2 =$	$z_3 =$	$z_4 =$
传动比	$i_{12} = \frac{\omega_1}{\omega_2} = \frac{z_2}{z_1} =$		$i_{34} = \frac{\omega_3}{\omega_4} = \frac{z_4}{z_3} =$	
总传动比	$i_{14} = i_{12} \times i_{34} =$			
中心距(须圆整)	mm		mm	

续　表

名　　称	第 1 轴 （输入轴或称高速轴，一般为直径最小的轴）	第 2 轴 （中间轴）	第 3 轴 （输出轴或称低速轴，一般为直径最大的轴）
轴承类型 （参见表 12－1～表 12－3）			
轴承润滑方式			
轴承透盖密封方式 （参见图 12－23～图 12－26）			

3．蜗杆减速器主要参数分析与测量

表 12－5　蜗杆减速器主要参数分析与测量表

名　　称	蜗　杆　轴	蜗　轮　轴
齿数	$z_1 =$	$z_2 =$
传动比	$i_{12} = \frac{\omega_1}{\omega_2} = \frac{z_2}{z_1} =$	
中心距（须圆整）	mm	
轴承类型 （参见表 12－1～表 12－3）		
轴承润滑方式		
轴承透盖密封方式 （参见图 12－23～图 12－26）		

4．减速器附件螺纹测量

表 12－6　减速器附件螺纹测量表

放油塞	轴承座螺栓	结合面螺栓	起盖螺钉	窥视孔盖螺钉
M	M	M	M	M

注："M"表示测量对象螺纹的公称直径，测量结果应尽量符合第一系列，如 M2、M2.5、M3、M4、M5、M6、M8、M10、M12、M16 等。

5. 减速器传动简图绘制

五、预习思考题解答

六、实验结论或者心得